《瓦斯防突工》
编 委 会

主　　任	陈党义	
委　　员	程燕燕　　沈天良　　张建山	
	张俊安　　房建平	

《瓦斯防突工》
编审人员名单

主　　编	南社平
副 主 编	茹国华
编写人员	王修峰　　黄建平　　张　超
	王洪波
主　　审	杨立纲
审　　稿	李丹丹　　芦绍超　　李湘建
	陈胜军

煤炭行业特有工种职业技能鉴定培训教材

瓦斯防突工

（初级、中级、高级）

河南煤炭行业职业技能鉴定中心　组织编写

主　编　南社平

中国矿业大学出版社

内 容 提 要

　　本书分别介绍了初级、中级、高级瓦斯防突工的基础知识、职业技能鉴定的知识要求和技能要求。内容主要包括瓦斯防突工基础知识、突出矿井防突工作原则、基本要求,中级、高级瓦斯防突工关于区域综合防突措施等。

　　本书适用于煤矿瓦斯防突工职业技能鉴定培训和自学,也可作为技术学校相关专业师生的参考用书。

图书在版编目(CIP)数据

　　瓦斯防突工：初级、中级、高级 / 南社平主编. ——
徐州：中国矿业大学出版社,2014.4
　　ISBN 978-7-5646-2306-7

　　Ⅰ.① 瓦⋯　Ⅱ.① 南⋯　Ⅲ.① 瓦斯突出—预防—职业
技能—鉴定—自学参考资料　Ⅳ.① TD713

　　中国版本图书馆 CIP 数据核字(2014)第 067523 号

书　　名	瓦斯防突工(初级、中级、高级)
主　　编	南社平
责任编辑	陈　慧
出版发行	中国矿业大学出版社有限责任公司
	(江苏省徐州市解放南路　邮编 221008)
营销热线	(0516)83885307　83884995
出版服务	(0516)83885767　83884920
网　　址	http://www.cumtp.com　E-mail:cumtpvip@cumtp.com
印　　刷	北京兆成印刷有限责任公司
开　　本	850×1168　1/32　**印张** 9.25　**字数** 239 千字
版次印次	2014 年 4 月第 1 版　2014 年 4 月第 1 次印刷
定　　价	32.00 元

　　(图书出现印装质量问题,本社负责调换)

前　言

随着煤炭开采深度的增加,工作面矿山压力越来越大,瓦斯含量也越来越大,突出频率和强度也在增大,从事防突工作的人员不断增加,迫切需要对从事防突工作人员的技能进行鉴定的教材。

本教材分为四部分,第一部分是煤矿安全生产基本知识,是从事煤炭生产必须掌握的基本内容,不管是初、中、高级都必须掌握;第二、第三、第四部分,分别按初、中、高级次序,针对不同等级的瓦斯防突工技术知识和技能要求编写。在编写时以《防治煤与瓦斯突出规定》为纲,将双四位一体的防突知识分别穿插于中、高级防突工技术知识之中,注意防突工作程序的衔接。另一方面,将更多篇幅用于介绍防突工的技能知识和安全操作之中,力求使知识与技能有效结合。

本教材由南社平任主编,第一至三章由王修峰、茹国华编写,第四至六章由黄建平、张超编写,第七至十二章由南社平、王洪波编写。在编写过程中得到了张保法、吕建立、杜培超和王念红等的帮助,在此表示衷心感谢。

由于时间仓促,编者知识所限,书中难免会有不足,敬请各位专家、读者提出宝贵意见。

编　者

2013 年 12 月

目　录

第三部分　中级工专业知识和技能要求

第一部分　煤矿安全生产基本知识

第一章　煤矿安全生产方针及法律法规

第一节　煤矿安全生产方针

　　煤矿安全生产方针是党和国家为确保煤矿安全生产而确定的指导思想和行动准则，"安全第一、预防为主、综合治理"是我国安全生产的基本方针。

　　"安全第一"，是强调安全、突出安全、安全优先，要求我们在工作中始终把安全放在第一位。要求各级政府和煤矿领导及职工把安全生产当做头等大事来抓，当安全与效益、安全与生产、安全与速度相冲突时，必须首先保证安全。要树立人是最宝贵的思想，努力做到不安全不生产、隐患不处理不生产、措施不落实不生产；在确保安全的前提下，实现生产经营的各项指标。"安全第一"是衡量煤矿安全工作的硬性指标，必须认真贯彻执行。

　　"预防为主"，是实现"安全第一"的前提条件。要实现安全第一，必须以预防为主。要求我们在工作中时刻注意预防安全事故的发生。在生产各环节，要严格遵守安全生产管理制度和安全技术操作规程，认真履行岗位安全职责，不断地查找隐患，谋事在先，尊重科学，探索规律，采取有效的事前控制措施，防微杜渐、防患于未然，把事故隐患消灭在萌芽之中。虽然在生产经营活动中还不可能完全杜绝事故发生，但只要思想重视，按照客观规律办事，运用安全原理和方法，预防措施得当，事故特别是重大恶性事故就可以大大减少。

"综合治理",是指适应我国安全生产形势的要求,自觉遵循安全生产规律,正视安全生产工作的长期性、艰巨性和复杂性,抓住安全生产工作中的主要矛盾和关键环节,综合运用经济、法律、行政等手段,人管、法治、技防多管齐下,并充分发挥社会、职工、舆论的监督作用,有效解决安全生产领域的问题。综合治理具有鲜明的时代特征和很强的针对性,是我们党在安全生产新形势下作出的重大决策,体现了安全生产方针的新发展。

"安全第一、预防为主、综合治理"的安全生产方针是一个有机统一的整体。安全第一是预防为主、综合治理的统帅和灵魂,没有安全第一的思想,预防为主就失去了思想支撑,综合治理就失去了整治依据。预防为主是实现安全第一的根本途径。只有把安全生产的重点放在建立事故隐患预防体系上,超前防范,才能有效减少事故损失,实现安全第一。综合治理是落实安全第一、预防为主的手段和方法。只有不断健全和完善综合治理工作机制,才能有效贯彻安全生产方针,真正把安全第一、预防为主落到实处,不断开创安全生产工作的新局面。

煤矿安全生产方针是煤矿安全生产管理的基本方针。贯彻落实好这个方针,对于处理安全与生产以及与其他各项工作的关系,科学管理、搞好安全,促进生产和效益提高,推动各项工作的顺利进行有重大意义。

第二节 煤矿安全生产法律法规

为了更好地指导安全生产,煤矿企业从业人员必须树立法制意识,了解安全生产法律法规及相关经济政策,遵章守纪,杜绝"三违"现象,避免事故的发生。

一、煤矿安全生产法律法规体系

我国煤矿安全法律法规体系已基本形成,主要有如下四个部分：

一是全国人大及其常务委员会颁布的关于安全生产的法律，主要有《中华人民共和国安全生产法》、《中华人民共和国煤炭法》、《中华人民共和国矿山安全法》、《中华人民共和国劳动法》、《中华人民共和国矿产资源法》等。

二是国务院颁布的关于安全生产的行政法规，主要有《煤矿安全监察条例》、《乡镇煤矿管理条例》、《中华人民共和国矿山安全法实施条例》、《生产安全事故报告和调查处理条例》等。

三是省(自治区、直辖市)级人大及其常务委员会颁布的关于安全生产的地方性法规，如《××省矿山安全法实施办法》、《××省煤炭法实施办法》等。

四是国务院有关部委、省级人民政府颁布的关于安全生产的规章和地方规章。

二、主要煤矿安全生产相关法律法规

(一)《中华人民共和国安全生产法》(以下简称《安全生产法》)

《安全生产法》于 2002 年 6 月 29 日由第九届全国人民代表大会常务委员会第二十八次全体会议通过，同日由国家主席江泽民签发命令予以公布，于 2002 年 11 月 1 日起施行。

《安全生产法》对生产经营单位安全生产保障、从业人员的权利义务、安全生产的监督管理、生产安全事故的应急救援与调查处理及追究法律责任等方面有着明确规定。

(1) 生产经营单位必须遵守该法和其他有关安全生产的法律法规，加强安全生产管理，建立健全安全生产责任制度，完善安全生产条件，确保安全生产。

(2) 生产经营单位的从业人员有依法获得安全生产保障的权利，并应当依法履行安全生产方面的义务。

(3) 生产经营单位应当具备该法和有关法律、行政法规和国家标准或者行业标准规定的安全生产条件；不具备安全生产条件的,不得从事生产经营活动。

(4)生产经营单位应当对从业人员进行安全生产教育和培训,保证从业人员具备必要的安全生产知识,熟悉有关的安全生产规章制度和安全操作规程,掌握本岗位的安全操作技能,未经安全生产教育或培训不合格的从业人员不得上岗作业。

(5)生产经营单位应当教育和督促从业人员严格执行本单位的安全生产规章制度和安全操作规程,并向从业人员如实告知作业场所和工作岗位存在的危险因素、防范措施以及事故应急措施。

(6)任何单位或者个人对事故隐患或者安全生产违法行为,均有权向负有安全生产监督管理职责的部门报告或者举报。

(二)《中华人民共和国矿山安全法》(以下简称《矿山安全法》)

《矿山安全法》于1992年11月7日由第七届全国人民代表大会常务委员会第二十八次会议通过,由国家主席以第65号命令发布,自1993年5月1日起施行,2009年8月27日修订。

矿山企业必须对职工进行安全教育、培训;未经安全教育、培训的,不得上岗作业。矿山企业安全生产的特种作业人员必须接受专门培训,经考核合格取得操作资格证书的,方可上岗作业。

矿山企业必须向职工发放保障安全生产所需的劳动防护用品。

(三)《中华人民共和国煤炭法》(以下简称《煤炭法》)

《煤炭法》于1996年8月29日第八届全国人民代表大会常务委员会第二十一次会议通过,2009年8月27日第十一届全国人民代表大会常务委员会第十次会议对其进行了第一次修正,2011年4月22日第十一届全国人民代表大会常务委员会第二十次会议对其进行了第二次修正,2013年6月29日第十二届全国人民代表大会常务委员会第三次会议对其进行了第三次修正,是中国第一部煤炭法,主要内容有:

1. 重视安全教育与培训

煤矿企业应当对职工进行安全生产教育、培训；未经安全生产教育、培训的，不得上岗作业。煤矿企业职工必须遵守有关安全生产的法律、法规，煤炭行业规章、规程和企业规章制度。

2. 职工的劳动保护

煤矿企业必须为职工提供保障安全生产所需的劳动保护用品。煤矿企业应当依法为职工参加工伤保险缴纳工伤保险费。鼓励企业为井下作业职工办理意外伤害保险，支付保险费。

3. 重大责任事故罪

《刑法》第一百三十四条规定，强令他人违章冒险作业，因而发生重大伤亡事故或者造成其他严重后果的，处五年以下有期徒刑或者拘役；情节特别恶劣的，处五年以上有期徒刑。

（四）《煤矿安全监察条例》

该条例于 2000 年 11 月 7 日以国务院第 296 号命令颁布，于 2000 年 12 月 1 日起施行。2013 年 7 月 26 日，国务院总理李克强签署国务院令，公布《国务院关于废止和修改部分行政法规的决定》，对其部分内容进行修改。本条例共有五章 50 条。该条例明确了煤矿安全监察制度、权力、地位、职责、监察内容、行政处罚种类、工作原则及与政府的关系等，是我国第一部较为全面的煤矿安全监察的行政法规，是依法监察的法律武器，填补了煤矿监察法规空白，对于依法治矿，促进安全生产具有重大意义。

（五）《煤矿安全规程》

1.《煤矿安全规程》的性质

《煤矿安全规程》是我国安全生产法律体系中的一个重要的行政法规，是煤矿安全管理领域最全面、最具体、最具权威性的技术规章，是《安全生产法》、《矿山安全法》、《煤炭法》等国家安全生产法律的具体化，是保障煤矿安全生产和职工人身安全、防止事故发生所必须遵循的安全准则，是煤矿安全监察机关和各级地方人民政府行业主管部门开展煤矿安全监察和行政执法的重要依据。

《煤矿安全规程》明确规定煤矿生产建设过程中哪些行为被禁止，哪些行为被允许，指明了行为标准尺度。它是认定职工行为是否构成违章的重要标准，是认定煤矿事故性质的重要依据，也是判断行为人是否需要承担责任的重要依据。

2.《煤矿安全规程》与作业规程、操作规程的关系

《煤矿安全规程》是煤矿安全管理领域最全面、最具体、最具权威性的技术规章，是有关法律、法规在煤炭行业的具体化，制定作业规程、操作规程都要以《煤矿安全规程》等为依据。《煤矿安全规程》是由国家安全生产监督管理总局、国家煤矿安全监察局制定的；而作业规程是指导施工的重要技术文件，操作规程是煤矿生产各岗位工人具体操作行为标准的指导性文件，二者是由行业主管部门或煤矿企事业单位制定的。

（六）《防治煤与瓦斯突出规定》（以下简称《防突规定》）

《防突规定》已经2009年4月30日国家安全生产监督管理总局局长办公会议审议通过，自2009年8月1日起施行。

该规定共七章124条。主要内容包括：区域、局部综合防突措施；突出危险性的基础资料、突出危险性鉴定及地质测量工作、采掘作业应该遵守的规定，防突管理及培训工作，防突措施的贯彻实施，防突技术资料的管理工作；区域综合防突措施、选择保护层的规定，区域效果检验、区域验证；工作面突出危险性预测，工作面防突措施，工作面措施效果检验，安全防护措施；等等。

（七）《国务院关于预防煤矿生产安全事故的特别规定》

《国务院关于预防煤矿生产安全事故的特别规定》于2005年8月31日国务院第104次常务会议通过，2005年9月3日以国务院第446号令颁布，自公布之日起施行。2013年7月26日，国务院总理李克强签署国务院会，公布《国务院关于废止和修改部分

行政法规的决定》,对其部分内容进行了修改。该规定共 28 条,其核心内容:一是构建了预防煤矿生产安全的责任体系,二是明确煤矿预防工作的程序和步骤,三是提出了预防煤矿事故的一系列制度保障。

第二章　煤矿生产技术

第一节　煤的矿藏与地质特征

一、煤的形成与分类

（一）煤的形成

煤是由古代植物的遗体变化而成的。在煤层中曾找到过保存很完整的树干,不过这些树干已经变为煤炭了。在煤层及顶、底板岩层中常见到植物枝叶等的化石。

（二）煤的分类

煤的种类很多,性质差别很大。我国煤炭分类主要是以煤的挥发分、黏结性指数、胶质层厚度为依据,把煤分为 14 个大类 29 个小类。14 个大类是褐煤、长焰煤、不黏煤、弱黏煤、1/2 中黏煤、气煤、气肥煤、1/3 焦煤、肥煤、焦煤、瘦煤、贫瘦煤、贫煤及无烟煤。

按照工业用途,煤又可以分为以下三类:

（1）动力煤。动力煤主要是通过煤直接燃烧来利用其热量。

（2）化工用煤。化工用煤是指提炼化工原料、对煤进行气化或液化用煤。煤也是生产化肥的主要原料之一。

（3）炼焦煤。炼焦煤主要是把煤炼成焦炭,用焦炭来冶炼钢铁。

二、煤层埋藏特征

（一）煤层埋藏深度

煤层埋藏深浅不一,最大深度可达 2 km。随着深度的增加,矿山压力、井下温度、涌水量及瓦斯涌出量等都将增大,煤层开采技术的复杂性大大增加甚至无法开采。目前,我国煤矿井工开采深度已达千米以上。

（二）煤层层数

各煤田中的煤层层数不尽相同,少的只有一层或几层,多的可达十几层到数十层。相邻两煤层之间的距离从数十厘米到数百米。相邻两煤层之间的距离通常称为煤层的层间距。

（三）煤层的结构

煤层中含岩石夹层的情况称为煤层结构。根据煤层中有无矸石层存在,将煤层结构分为简单结构和复杂结构两种。简单结构是指煤层中不含矸石层或局部含不稳定的矸石;复杂结构是指煤层中含一层或多层矸石层。煤层结构对矿井生产和原煤煤质有影响:含矸石层数较多的煤层不利于使用机组开采;矸石层厚度超过一定限度需要分层开采;矸石层的存在会增加原煤灰分,降低原煤质量。

（四）煤层厚度

煤层顶、底板之间的垂直距离,称为煤层的厚度。根据煤层结构不同,煤层厚度分为总厚度、有益厚度和可采厚度。煤层厚度相差很大,是影响采煤方法的主要因素之一。总厚度是指煤层顶、底板间各分煤层厚度和各夹石层厚度的总和;有益厚度是指煤层顶、底板间各分煤层厚度的总和;可采厚度是指达到国家规定的最低可采厚度以上的煤层厚度或煤分层厚度之和。

根据煤层厚度对开采技术的影响,将煤层分为以下三类:

（1）薄煤层。指厚度在 1.3 m 以下的煤层。

（2）中厚煤层。指厚度为 1.3～3.5 m 的煤层。

（3）厚煤层。指厚度大于 3.5 m 的煤层。

在煤矿生产中,习惯上将厚度大于 6 m 的煤层称为特厚煤层。

（五）煤（岩）层产状

煤（岩）层在空间的产出状态，称为煤（岩）层产状。倾斜煤层的产状，可以用煤层面的走向、倾向和倾角三个要素的数值表示，称为煤层的产状要素，如图 2-1 所示。

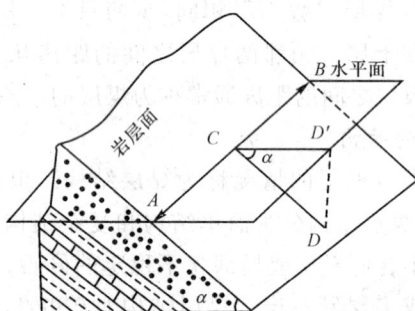

图 2-1　煤层的产状要素

（1）走向。倾斜煤（岩）层层面与水平面的交线为走向线，称为走向，如图 2-1 中 *ACB* 所示。走向线是煤层面上的一条水平线，它的两端延伸方向为煤层的走向，走向线表示煤层在水平面上的延展方向。

（2）倾向。在煤层层面上与走向线垂直，并沿层面倾斜向下的直线称为倾斜线。倾斜线在水平面上的投影线所指煤层倾斜一侧的方向，称为倾向，如图 2-1 中 *CD′* 为煤层的倾向。

（3）倾角。倾角是指煤层面和水平面之间的夹角，如图 2-1 中的角度 α 所示。

煤层倾角对采煤方法的选择影响极大。一般来讲，倾角越小，开采越容易；倾角越大，开采越困难。

根据煤层倾角对开采技术的影响，煤层分为以下四类：

（1）近水平煤层。指倾角在 8°以下的煤层。

（2）缓倾斜煤层。指倾角为 8°～25°的煤层。

（3）倾斜煤层。指倾角为 25°～45°的煤层。

（4）急倾斜煤层。指倾角在 45°以上的煤层。

（六）煤层顶板与底板

煤多以层状的形态赋存于地下，并与上、下岩层有明显的分界面。位于上、下两个界面之间的煤及其间所夹的矸石层称为煤层，赋存在煤层之上的邻近岩层称为煤层的顶板，赋存在煤层之下的邻近岩层称为煤层的底板。

1. 煤层的顶板

根据顶板在煤层开采中垮落的难易程度及其与煤层的相对位置，将顶板分为基本顶、直接顶和伪顶三种类型，如图 2-2 所示。

（1）伪顶。伪顶是指直接位于煤层之上的较薄岩层，极易破碎，随采随落。通常为碳质页岩、页岩等，厚度一般在 0.5 m以下。

（2）直接顶。直接顶是指位于伪顶之上或直接位于煤层之上（煤层没有伪顶时）的一层或几层岩层，通常由砂质页岩、泥岩、粉砂岩等比较容易垮落的岩层组成。直接顶在煤层采动后随支柱回收或移架而自行垮落，有时需要人工放顶。

（3）基本顶。基本顶俗称老顶，是指位于直接顶或直接位于煤层之上、难以垮落的厚而坚硬的岩层，通常由坚硬的砂岩、砾岩和石灰岩等组成。

2. 煤层的底板

根据煤层底板性质、煤层底板与煤层的位置关系，把煤层底板分为直接底和基本底，如图 2-2 所示。

（1）直接底。直接底是指直接位于煤层之下、强度较低的岩层，通常由泥岩、碳质页岩和黏土岩等组成。

（2）基本底。基本底俗称老底，是指位于直接底或直接位于煤层之下，多为较硬的砂岩，也有石灰岩等组成的岩层。

三、矿井地质构造

煤层形成初期，一般都是水平或近水平的，在一定范围内是

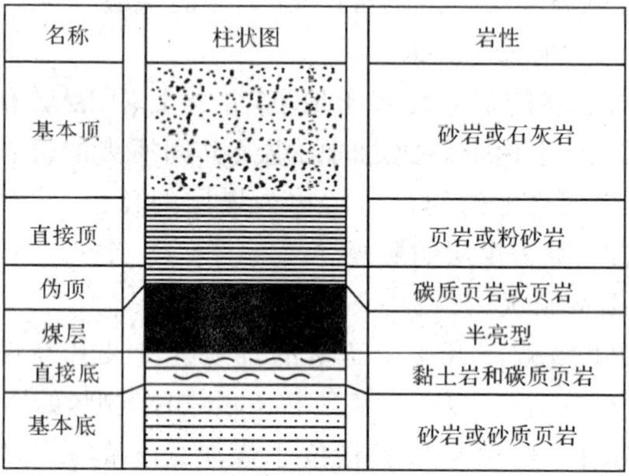

名称	柱状图	岩性
基本顶		砂岩或石灰岩
直接顶		页岩或粉砂岩
伪顶		碳质页岩或页岩
煤层		半亮型
直接底		黏土岩和碳质页岩
基本底		砂岩或砂质页岩

图 2-2 煤层顶、底板类型

连续完整的,后来受到地壳升降或水平方向挤压运动的影响,有的弯曲起伏,形成褶皱,有的发生断裂。褶皱和断裂破坏了煤层原始埋藏形态,使产状复杂化,直接影响矿井设计、建设和开采。因此搞清煤层的构造变动是非常重要的。

矿井地质构造是井田边界及其范围内的褶皱、断层、节理和层间滑动等地质构造的统称。矿井地质构造是影响煤矿生产和安全最重要的地质条件,也是岩体失稳的重要地质因素。构造变动轻微的缓斜岩体,整体强度较高,稳定性好;构造变动强烈的急斜、直立和倒转岩体,其内部结构往往破碎,整体强度较低,工作面出现坍塌滑移、片帮冒顶,稳定性较差。裂隙节理发育带、断层破碎带、软弱夹层的层间滑动带、褶皱轴部等部位,岩体稳定性较差,矿山压力较大,煤层顶板容易冒落。下面介绍常见的矿井地质构造。

1. 褶皱构造

岩层和煤层在构造应力作用下形成的一系列连续的弯曲称为褶皱构造。每一个单独的弯曲称为褶曲。岩层向上弯曲,并且核部是老地层者,称为背斜;岩层向下弯曲,并且核部是新地层者,称为向斜。如图 2-3 所示。

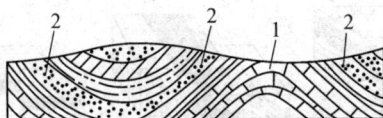

图 2-3　背斜和向斜

1——背斜;2——向斜

2. 断裂构造

煤岩层受力后发生断裂,出现断裂面,失去了连续完整性的构造形态称为断裂。如果断裂面两侧煤岩层没有发生明显位移称为裂隙或节理,产生明显位移的断裂构造则称为断层。

为了描述断层的性质及其在空间的位置和形态,可用断层要素来表示,它包括断层面、断层线、上盘和下盘以及断距等,如图 2-4 所示。

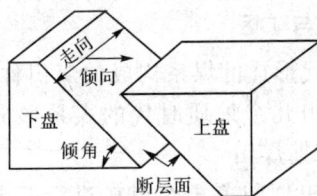

图 2-4　断层要素

根据断块相对运动的方向,断层可分为正断层、逆断层和平推断层。

(1)正断层。是指上盘相对下降、下盘相对上升的断层,如图 2-5(a)所示。

(2)逆断层。是指上盘相对上升、下盘相对下降的断层,如图 2-5(b)所示。

(3)平推断层。是指两盘沿断层面做水平方向相对位移的断层,如图 2-5(c)所示。

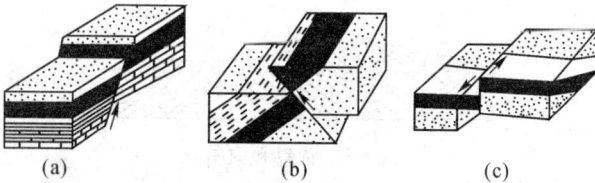

图 2-5 根据断层位移方向分类
(a) 正断层;(b) 逆断层;(c) 平推断层

3. 单斜构造

当一个向斜构造或背斜构造的范围较大时,它的一翼又称为单斜构造(因为岩层大致向同一方向倾斜)。

第二节 煤炭的井工开采

一、煤田、井田与矿区

由单一地质时代形成的煤系构成的煤田称为单纪煤田,如中国抚顺、阜新煤田;由几个地质时代的煤系形成的煤田称为多纪煤田,如中国鄂尔多斯煤田。

一般将一个煤田划归若干个煤矿进行开采。划归一个煤矿开采的范围称为井田,在一个井田内进行开采的煤矿一般称为矿井。

由于行政或经济上的原因,往往将邻近几个井田划归为一个行政机构管理,而将这邻近的井田合起来称为矿区。

煤田划分成井田后,可以布置一套完全独立的生产系统,但这套生产系统仍不可能把整个井田内的煤全开采出来,还需要有计划、有步骤地开采。这就需要把井田进一步划分成若干个宜于开采的较小部分。对每一个较小部分还可以根据情况再进一步划分为更小的区域,直到能满足开采工艺要求为止。这个工作称为井田再划分。

我国煤矿大部分为地下开采,称为井工开采。煤矿采用地下开采时,要从地面开凿通道(井筒)通至地下,在地下开掘一系列巷道和硐室进入煤体;在井田范围内,由地表进入煤层为开采水平服务所进行的井巷布置和开拓工程,称为矿井开拓或井田开拓。

二、矿井开拓方式

矿井开拓巷道在井田内的总体布置方式称为矿井开拓方式,由这些井巷构成的生产系统称为矿井开拓系统。矿井开拓的主要内容包括:井筒的形式、数目和位置,开采水平的数目及布置等。由于井田范围、煤层赋存状态以及地质构造等条件各不相同,矿井开拓方式也不相同。通常按井筒形式的不同,将矿井开拓方式分为立井开拓、斜井开拓、平硐开拓和综合开拓四种类型;按井田内布置的开采水平数目的不同,将矿井开拓方式分为单水平开拓和多水平开拓。

1. 立井开拓

立井开拓,是指用垂直巷道由地面进入地下,并通过一系列巷道进入矿体的开拓方式。当煤系地层上部的表土层厚度较大或煤层埋藏深度较大时,一般采用立井开拓。立井开拓根据服务水平的数目不同,又可分为立井多水平开拓与立井单水平开拓。

2. 斜井开拓

斜井开拓,是指利用倾斜巷道由地表进入地下,并通过一系列巷道通达煤层的开拓方式。随着强力带式输送机的出现,这种开拓方式的适用范围正在逐步扩大。

根据井田内水平的设置、阶段内准备方式以及井筒位置的不同,斜井开拓可分为斜井多水平分区式开拓、斜井多水平片盘式开拓和斜井单水平倾斜分段式开拓。

3. 平硐开拓

平硐开拓,是指利用水平巷道由地面进入煤层进行开采的一种开拓方式。

平硐的布置取决于地形条件与煤层赋存状态,平硐沿煤层走向方向掘进称为走向平硐,与走向斜交(或垂直)的称为斜交(或垂直)平硐。如果地形条件允许,也可以在不同的高度开掘平硐,设置多个水平,称之为阶梯平硐。

4. 综合开拓

用两种或两种以上的基本井硐形式(立井、斜井、平硐)综合开拓井田的方式称为综合开拓。根据不同的地质与生产技术条件,综合开拓可以有平硐—斜井、立井—斜井、立井—平硐和立井—斜井—平硐等多种形式。

三、矿井巷道

矿井巷道包括井筒、平硐和井下的各种巷道,是矿井建立生产系统进行生产活动的基础条件。

1. **按巷道空间特征分类**

矿井巷道按倾角不同可分为垂直巷道、倾斜巷道和水平巷道三大类,如图 2-6 所示。

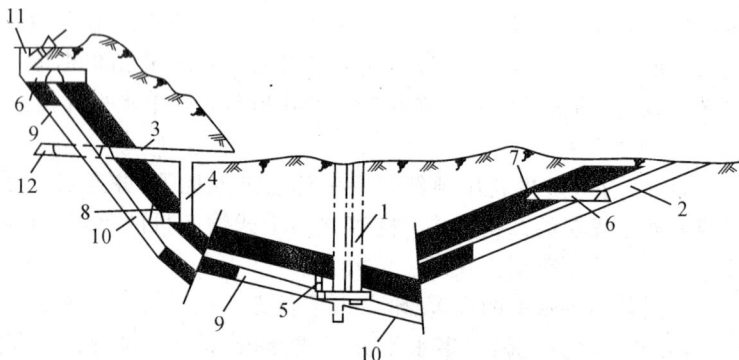

图 2-6　矿井巷道示意图

1——立井;2——斜井;3——平硐;4——暗立井;5——溜井;6——石门;
7——煤层平巷;8——煤仓;9——上山;10——下山;11——风井;12——岩石平巷

（1）垂直巷道。垂直巷道的中心线与水平面垂直,如立井、暗立井和溜井等。

（2）水平巷道。水平巷道的中心线与水平面大致平行,如平硐、石门和平巷等。

（3）倾斜巷道。倾斜巷道的中心线与水平面既不平行也不垂直,而是成一定角度,如斜井、采区上山（或下山）和暗斜井等。

2. 按巷道服务范围分类

（1）开拓巷道。开拓巷道是指为全矿井服务,或者为一个及一个以上的阶段服务的巷道,主要有主副立井（或斜井）、平硐、井底车场、主要运输及回风石门、运输大巷及回风大巷等。

（2）准备巷道。准备巷道是指为一个采区或者为两个或两个以上的采煤工作面服务的巷道,主要有采区车场、采区煤仓、采区上山（或下山）、采区石门等。

（3）回采巷道。回采巷道是指只为一个采煤工作面服务的巷道,主要有工作面运输巷、工作面回风巷和开切眼等。

四、矿井生产系统

矿井生产系统是一个综合性的系统,主要包括运输与提升系统、通风系统、排水系统、供电系统、供水系统和压气供给系统等。

（一）运输与提升系统

1. 煤炭运输与提升系统

图 2-7 为矿井巷道示意图。从工作面采落的煤炭经工作面内的刮板输送机运到区段运输平巷,区段运输平巷内的带式输送机（或刮板输送机）将煤运到采区运输上山,经采区运输上山内的带式输送机运到采区煤仓（或水平集中带式输送机运至井底煤仓）,在采区煤仓下口的采区下部装煤车场装车,组成一列煤车后,经阶段运输大巷运至井底车场煤仓,然后通过主井箕斗提升到地面。小型矿井一般采用罐笼直接将煤车提升到地面。若主井为斜井时,可以采用带式输送机或串车提升,前者适用于大、中型矿

井,后者适用于小型矿井。

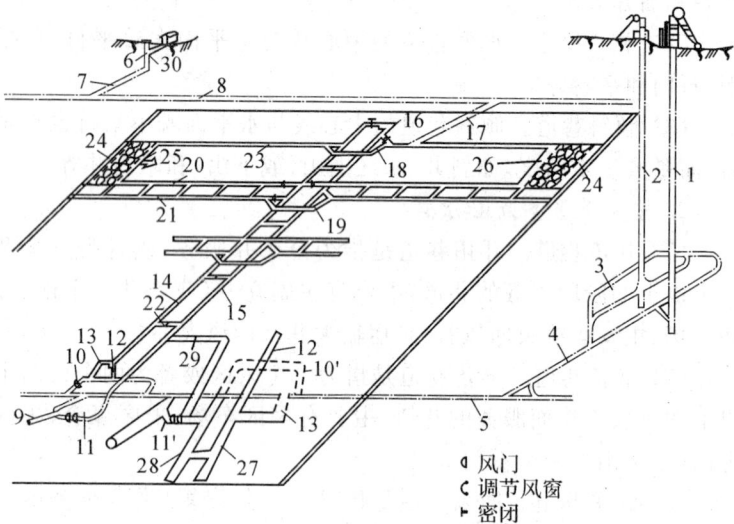

图 2-7　矿井巷道示意图

1——主井;2——副井;3——井底车场;4——主要运输石门;5——主要运输大巷;
6——风井;7——主要回风石门;8——主要回风大巷;9——采区运输石门;
10——采区下部装煤车场;10'——下山采区上部装煤车场;11——采区下部材料车场;
11'——下山采区上部运料车场;12——采区煤仓;13——行人进风巷;14——输送机上山;
15——轨道上山;16——上山绞车房;17——采区回风石门;18——采区上部车场;
19——采区中部车场;20——区段运输平巷;21——下区段回风平巷;22——联络巷;
23——区段回风平巷;24——开切眼;25——回采工作面;26——采空区;
27——输送机下山;28——轨道下山;29——下山回风联络巷;30——风硐

2. 人员、材料及设备的辅助运输和提升系统

材料和设备从副井运入井底车场,经大巷到采区下部材料车场,由轨道上山提升到轨道平巷或区段回风平巷,然后运输至工作面;人员由副井罐笼上、下运送,由运输大巷人车运送到生产采区。斜井开拓矿井,副井的提升通常用串车提升。运输量不大的

矿井,采用单绳提升;而对运输量较大的矿井,可以采用双绳提升。井下运输大巷一般采用电机车运输;对于水平巷道或坡度不大的倾斜巷道还可以采用无极绳或单轨吊车运输。

（二）通风系统

新鲜风流由副井进入井底车场,经主要运输石门、运输大巷至采区下部车场,从进风行人斜巷进入输送机上山、区段运输平巷至采煤工作面。清洗工作面后的污浊空气经区段回风平巷、采区上部车场、采区回风石门、回风大巷、总回风石门、回风井和风硐,由主要通风机排出地面。

（三）排水系统

矿井排水系统是矿井必不可少的主要生产系统之一,其作用就是将井下涌出的矿井水及时、安全可靠、经济合理地排至地面,确保矿山井下作业人员的生命安全和矿井安全生产。矿井排水系统由排水系统硐室和排水设备、设施两大部分组成。矿井主排水系统硐室主要由主排水泵房硐室、水仓和管子道（管子间）组成;矿井排水设备、设施主要由水泵、电动机、供电电缆、排水管、闸阀、逆止阀、底阀或引水装置、压力表、真空表、启动控制开关等组成。

（四）供电系统

矿井供电系统,是指井下采煤、运输、通风、排水等系统内各种机电运输设备运转所必需的动力源网络系统。常用的煤矿供电系统是:双回路电网—矿井地面变电所—井下中央变电所—采区变电所（移动式变电站）—工作面配电点。

随着综合机械化采煤技术的发展,综采设备电动机额定功率不断加大,采区走向长度不断加长,要求高压电源接近工作面。而固定式的采区变电所（供电距离太远）和660 V电压等级已不能满足综采设备的需要。因此,现有的综采工作面基本上都已采用了移动式变电站。移动式变电站是将采区变电所（或中央变电所)引来的 6 kV(或 10 kV)电压变为 1 140 V(或 3 300 V)电压,向采煤工作面设备供电,它可以随着采煤工作面的推进而移动,它和工作面的距离一般保持在 50~300 m 之间。

除以上四大系统外,根据各矿井实际情况,还有许多辅助生产系统,如防尘供水系统、压风供给系统、安全监控系统、瓦斯抽采系统、防灭火灌浆系统和通信系统等。

五、采煤方法与工艺

(一)采煤方法及分类

采煤方法,是指采煤工艺与回采巷道布置及其在时间上、空间上的相互配合的总称。采煤方法实际上包括采煤系统和采煤工艺两个部分的内容。采煤系统,是指采区巷道的布置方式,掘进和采煤顺序的合理安排,以及由采区供电、通风、运输、排水等生产系统共同构成的、完整的煤炭开采系统。采煤工艺,是指采煤工作面各工序所用方法、设备及其在时间、空间上的相互配合。

通常按采煤工艺、矿压控制特点、采煤系统构成情况,将采煤方法划分为壁式体系采煤法和柱式体系采煤法两大类。

1. 壁式体系采煤法

壁式体系采煤法又称长壁体系采煤法,以长壁工作面采煤为主要标志。其主要特点是:采煤工作面长度通常在 80~250 m 之间。工作面两端各有一条巷道,用于进风、回风、运煤、运料,采出的煤平行于工作面推进方向运出。用支架支护工作面工作空间,随着采煤工作面的推进,要求及时、有计划地处理采空区,处理采空区顶板采用垮落法或充填法。

壁式体系采煤法按是否一次开采煤层全厚,可分为整层采煤法和分层采煤法。薄或中厚煤层一般采用整层采煤法,将煤层全厚一次采出。厚煤层既可采用整层开采也可采用分层开采。

(1)厚煤层整层开采:对缓斜厚煤层、煤厚为 3.5~5.0 m 的煤层,采用单一长壁采煤法,大采高一次采全厚;对缓斜厚煤层、煤厚一般大于 4.0 m 的煤层,特别是厚度变化较大的特厚煤层,采用综采放顶煤长壁采煤法。

(2) 厚煤层分层开采:开采厚煤层时,把厚煤层分成若干采高为 2～3 m 的分层来开采。根据煤层赋存条件及开采技术的不同,分层采煤法又可分成倾斜分层、水平分层和斜切层 3 种。

无论整层开采还是分层开采,按工作面布置及推进方向的不同,壁式体系采煤法(长壁采煤法)又可分为走向长壁采煤法和倾斜长壁采煤法。采煤工作面沿煤层倾斜方向布置,沿煤层走向方向从采区边界向采区上山或下山方向回采,这种采煤方法称为走向长壁采煤法;采煤工作面沿煤层走向方向布置,沿煤层倾斜方向向上(仰斜)或向下(俯斜)回采,称为倾斜长壁采煤法。按工作面沿倾斜推进方向的不同,倾斜长壁又有仰斜长壁和俯斜长壁之分。

2. 柱式体系采煤法

柱式体系采煤法以房柱间隔进行采煤为主要标志。其主要特点是:采煤工作面长度较短,一般为 10～30 m,但工作面数目较多,工作面内煤的运输方向往往垂直于煤壁。回采过程中一般没有处理采空区的工序,工作面内通风条件较差。

除少数小型矿井外,我国绝大多数煤矿采用壁式体系采煤法。

(二) 机械化采煤工艺

我国目前普遍采用的采煤工艺有:爆破采煤工艺、普通机械化采煤工艺、综合机械化采煤工艺和综采放顶煤采煤工艺,后 3 种都属于机械化采煤工艺。

1. 普通机械化采煤工艺

普通机械化采煤工艺,简称普采,是指用机械方法破煤和装煤、输送机运煤和单体支柱支护的采煤工艺。其中,使用单体液压支柱进行支护的称为高档普采。普采工作面技术装备主要有滚筒式采煤机或刨煤机、可弯曲刮板输送机和与其配套的推移千斤顶、单体金属支柱与铰接顶梁及乳化液泵站等,如图 2-8 所示。

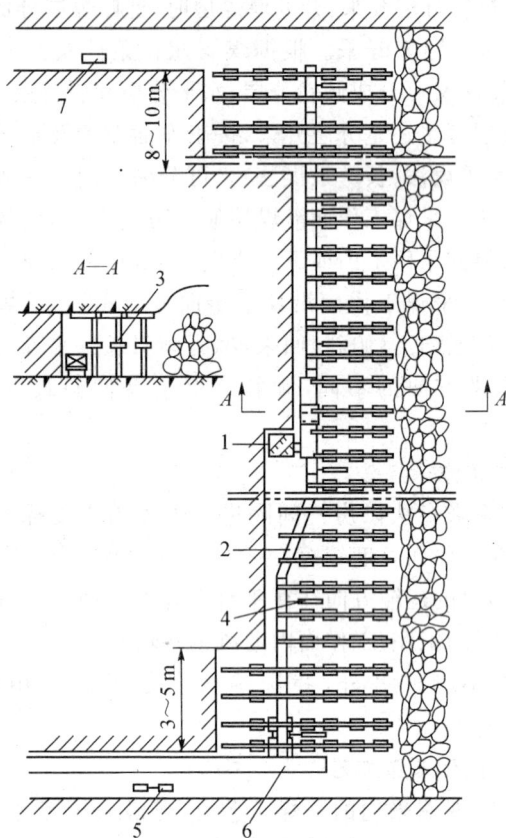

图 2-8　普采工作面设备布置

1——单滚筒采煤机;2——可弯曲刮板输送机;3——单体液压支柱;

4——推移千斤顶;5——乳化液泵站;6——运输平巷输送机;7——回柱绞车

　　普采工作面生产工艺过程主要由割煤、运煤、挂梁、推移刮板输送机、打柱以及回柱放顶等工序组成。

2. 综合机械化采煤工艺

综合机械化采煤工艺,简称综采,是指用机械方法采煤和装煤,输送机运煤和液压支架支护的采煤工艺。综采工艺的特点是落煤、装煤、运输、支护、采空区处理等工序全部实现机械化。综采和普采最大的区别是综采使用了自移式支架支护顶板,解决了支护与回柱放顶人工操作的难题,实现了支护与采空区处理的机械化。综采的优点是劳动强度低、产量高、效率高和安全条件好。

3. 综合机械化放顶煤采煤工艺

综合机械化放顶煤采煤工艺,简称"综放",是对厚煤层用综采设备进行整层开采的采煤工艺。放顶煤采煤法可对特厚煤层(煤层厚度一般 6~12 m)进行整层开采。放顶煤采煤法是在煤层底部或煤层某一厚度范围内底部布置一个采高为 2~3 m 的长壁工作面,用常规采煤方法进行采煤,并利用矿山压力作用或辅以松动等方法,将上部顶煤在工作面推进后破碎冒落,并将冒落顶煤利用放顶煤支架予以回收,由工作面后部刮板输送机运出。

(1) 放顶煤采煤方法的分类

按照煤层赋存条件及相应的采煤工艺,将放顶煤采煤法分为以下三种方法:

① 一次采全厚放顶煤。沿煤层底板布置综采放顶煤长壁工作面,一次采放出全部厚度煤层,如图 2-9(a)所示。

② 预采顶分层网下放顶煤。将煤层划分为两个层,沿煤层顶板下先布置一个 2~3 m 的顶分层综采放顶煤长壁工作面。顶分层工作面铺网后,再沿煤层底板布置一个与顶分层相同的综采放顶煤工作面,进行常规采煤并将两个工作面之间的顶煤放出,如图 2-9(b)所示。这种方法一般适用于厚度大于 12~14 m,直接顶坚硬或煤层瓦斯含量高,需预先抽采瓦斯的缓斜煤层。

③ 倾斜分层放顶煤。煤层厚度在 12~14 m 以上,将煤层沿倾斜分为两个以上厚度在 6~8 m 以上的倾斜分层,依次放煤开

采,如图 2-9(c)所示。

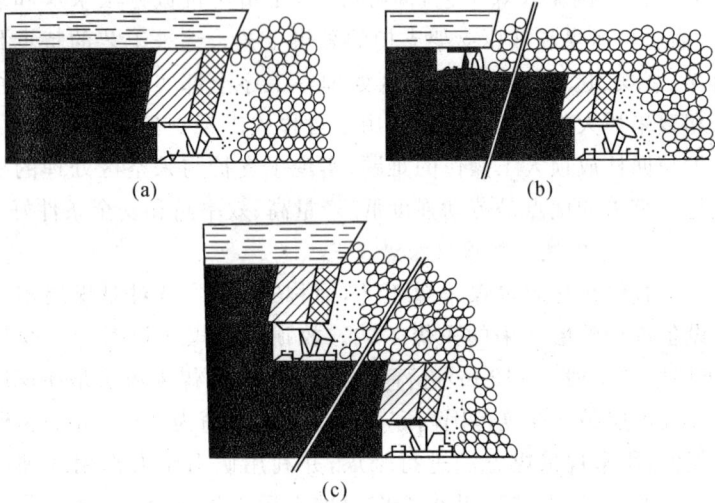

(a)　　　　　　　　　　　(b)

(c)

图 2-9　放顶煤开采工艺类型

(a)一次采全厚放顶煤;(b)预采顶分层网下放顶煤;(c)倾斜分层放顶煤

(2)适用条件

综采放顶煤开采,一般应符合下列条件:

① 煤层倾角小于 15°,或近水平。

② 煤质较松软,煤层节理发育,顶煤易于破碎冒落。中间没有不易破碎的夹石层及硬煤层($f<3.0$)。

③ 直接顶较厚,且能随采随冒,自然发火期在 3 个月以上,无瓦斯突出等。

《煤矿安全规程》规定:(放顶煤)工作面严禁采用木支柱、金属摩擦支柱支护方式。有下列情形之一的,严禁采用单体液压支柱放顶煤开采:

一是倾角大于 30°的煤层(急倾斜特厚煤层水平分层放顶煤除外)。

二是有冲击地压煤层。

有下列情形之一的,严禁采用放顶煤开采:

一是煤层平均厚度小于 4 m 的。

二是采入比大于 1∶3 的。

三是采区或工作面回采率达不到矿井设计规范规定的。

四是煤层有煤(岩)和瓦斯(二氧化碳)突出危险的。

五是坚硬顶板、坚硬顶煤不易冒落,且采取措施后冒放性仍然较差,顶板垮落充填采空区的高度不大于采放煤高度的。

六是矿井水文地质条件复杂,采放后有可能与地表水、老窑积水和强含水层导通的。

(3)采煤工艺

① 工作面采煤。一般采用工作面端部斜切进刀的进刀方式,采用双向割煤往返一次进两刀的割煤方式,采煤机骑在可弯曲刮板输送机上沿工作面全长往复穿梭割煤,距采煤机 12～15 m 处推移输送机,完成一个综采循环。根据顶煤放落的难易程度,放顶煤工作在完成一个或几个综采循环以后,在检修班或放顶班进行检修。

② 放煤方式。工作面进行放煤操作的方式称为放煤方式。放煤方式分为顺序单轮放煤、顺序多轮放煤和间隔折返放顶煤。顺序单轮放煤的顺序是依次将上方顶煤一次全部放净,见矸时关闭放煤口。顺序多轮放煤的顺序是依次放各架顶煤,但不一次放净,而是每次只放顶煤的全厚的 1/4、1/3 或 1/2,可在工作面全部放完一轮煤后再放下一轮,也可下一轮滞后第一轮一定距离同步进行。间隔折返放顶煤是指从工作面的一端开始,先从第一架开始(一般过渡支架及端头支架先不放煤),每间隔一架依次放煤,放完奇数架后,再依次放偶数架的顶煤。也可根据放煤情况及工作面的长度,实行单轮或多轮的间隔折返放顶煤方式,也可分段折返或多段同时折返人煤。

③ 放煤步距。放煤步距分为初次放煤步距和循环放煤步距。初次放煤步距是从工作面开切眼开始至每一次放煤的工作面推进距离;循环放煤步距是从上一次放煤结束后到下一次放煤的开始工作面推进的距离。确定循环放煤步距的原则是使放出范围内的顶能够充分破碎和松散,提高采出率。

(4)综采放顶煤的工艺特点

① 适用于厚度 5 m 以上、煤质较软、顶板易垮落的煤层。

② 简化巷道布置,减少巷道掘进工作量。

③ 提高采煤工效、降低吨煤生产费用等。

④ 采出率较低、煤炭自然发火控制比较困难。

第三节　矿井通风

一、矿井通风系统基础知识

(一)矿井通风的任务

矿井通风的任务主要有:

(1)将适量的地面空气连续输送到井下各用风地点,提供井下人员呼吸所需的氧气。

(2)稀释并排出井下空气中各种有毒有害气体和矿尘。

(3)调节井下气候条件,创造良好的井下工作环境,保证井下机械设备、仪器仪表的正常运行,保障井下作业人员的身体健康和劳动安全。

(4)在发生灾变时能够根据救灾的需要,调节和控制风流的流动路线,提高矿井防灾、抗灾、救灾能力。

(二)矿井环境气体危害分析与控制

1. 矿井空气的主要成分及安全规定

一般而言,矿井空气的主要成分是氧气、氮气和二氧化碳。

　　井下空气成分必须符合《煤矿安全规程》的规定：采掘工作面的进风流中，氧气浓度不低于 20%，二氧化碳浓度不超过 0.5%。矿井总回风巷或一翼回风巷中二氧化碳浓度超过 0.75% 时，必须立即查明原因，进行处理。采区回风巷、采掘工作面回风巷风流中二氧化碳浓度超过 1.5% 时，必须停止工作，撤出人员，采取措施，进行处理。

　　2. 矿井空气的有毒有害气体及危害

　　（1）一氧化碳（CO）。一氧化碳是一种无色、无味、无臭的气体，剧毒，相对密度为 0.97，微溶于水。一氧化碳能燃烧，当空气中一氧化碳浓度在 13%～75% 时有爆炸的危险。

　　主要来源：① 井下爆破；② 矿井火灾；③ 煤炭自燃；④ 煤尘、瓦斯爆炸事故等。

　　（2）硫化氢（H_2S）。硫化氢是一种无色、微甜、有浓烈的臭鸡蛋味、有很强毒性的气体。当它在空气中浓度达到 0.0001% 时即可嗅到，但当浓度较高时，因嗅觉神经中毒麻痹，反而嗅不到。相对密度为 1.19，易溶于水，能燃烧，空气中硫化氢浓度为 4.3%～45.5% 时有爆炸危险。

　　硫化氢剧毒，有强烈的刺激作用，不但能引起鼻炎、气管炎和肺水肿，而且还能阻碍生物的氧化过程，使人体缺氧。当空气中硫化氢浓度较低时主要以腐蚀刺激作用为主，浓度较高时能引起人体迅速昏迷或死亡，腐蚀刺激作用往往不明显。

　　主要来源：有机物腐烂、含硫矿物的水解、矿物氧化和燃烧、从老空区和旧巷积水中放出等。我国有些矿区煤层中也有硫化氢涌出。

　　（3）二氧化氮（NO_2）。二氧化氮是一种褐红色的气体，有强烈的刺激气味，相对密度为 1.59，易溶于水。

　　二氧化氮有强烈毒性，溶于水后生成腐蚀性很强的硝酸，对眼睛、呼吸道黏膜和肺部组织有强烈刺激及腐蚀作用,严重时可引起肺水肿。

主要来源:井下爆破工作。

(4) 二氧化硫(SO_2)。二氧化硫是一种无色、有强烈硫黄气味及酸味的气体。当空气中二氧化硫浓度达到 0.000 5% 时即可嗅到。其相对密度为 2.22,在风速较小时,易积聚于巷道的底部。

二氧化硫易溶于水。二氧化硫遇水后生成硫酸,对眼睛及呼吸系统黏膜有强烈的刺激作用,可引起喉炎和肺水肿。

主要来源:含硫矿物质的氧化与自燃生成、在含硫矿物中爆破、从含硫矿层中涌出等。

(5) 氨气(NH_3)。氨气是一种无色、有浓烈臭味的气体,相对密度为 0.596,易溶于水,空气浓度中达 30% 时有爆炸危险。

氨气对皮肤和呼吸道黏膜有刺激作用,可引起喉头水肿。

主要来源:爆破工作、用水灭火等,部分岩层中也有氨气涌出。

(6) 氢气(H_2)。氢气是一种无色、无味、无毒的气体,相对密度为 0.07。氢气能自燃,其点燃温度比甲烷低 100~200 ℃,当空气中氢气浓度为 4%~74% 时,有爆炸危险。

主要来源:井下蓄电池充电时放出,有些中等变质的煤层中也有氢气涌出。

(7) 甲烷(CH_4)。甲烷是一种无色、无味、无臭的气体,比空气轻,微溶于水,具有很强的扩散性。甲烷无毒,在一定条件下会发生燃烧或爆炸。

主要来源:从煤体和采空区内涌出。

3. 井下空气中有害气体的安全规定

《煤矿安全规程》对常见有害气体的安全标准作了明确的规定,见表 2-1。

表 2-1　　　　　　矿井空气中有害气体的最高允许浓度

有害气体名称	化学式	最高允许浓度/%
一氧化碳	CO	0.002 4
氧化氮(换算成二氧化氮)	NO_2	0.000 25
二氧化硫	SO_2	0.000 5
硫化氢	H_2S	0.000 66
氨	NH_3	0.004

瓦斯、二氧化碳和氢气的允许浓度应符合《煤矿安全规程》的有关规定。

4. 井下空气的温度及风速的安全规定

井下空气的温度、湿度和风速的综合效应形成了井下空气的气候条件。

(1) 井下空气的温度

《煤矿安全规程》规定,进风井口以下的空气温度(干球温度,下同)必须在 2 ℃以上。

生产矿井采掘工作面空气温度不得超过 26 ℃,机电设备硐室的空气温度不得超过 30 ℃;当空气温度超过时,必须缩短超温地点工作人员的工作时间,并给予高温保健待遇。

采掘工作面的空气温度超过 30 ℃、机电设备硐室的空气温度超过 34 ℃时,必须停止作业。

新建、改扩建矿井设计时,必须进行矿井风温预测计算,超温地点必须有制冷降温设计,配齐降温设施。

当井下的气温过高时,要采取降温措施;当气温过低时,要采取空气预热措施。

(2) 井巷中的风速

井巷中风速的大小直接影响人体的散热效果,风速过高或过低都会影响工人的身体健康。同时,风速过低,不利于排除瓦斯和矿尘,风速过高会使矿尘飞扬。井巷中的风速应符合《煤矿安全规程》的规定,见表2-2。

表 2-2　　　　　　　矿井井巷中的最高和最低允许风速

井 巷 名 称	允许风速/(m/s)	
	最　低	最　高
无提升设备的风井和风硐		15
专为升降物料的井筒		12
风桥		10
升降人员和物料的井筒		8
主要进、回风巷		8
架线电机车巷道	1.0	8
运输机巷、采区进、回风巷	0.25	6
采煤工作面、掘进中的煤巷和半煤岩巷	0.25	4
掘进中的岩巷	0.15	4
其他通风人行巷道	0.15	

设有梯子间的井筒或修理中的井筒,风速不得超过 8 m/s;梯子间四周经封闭后,井筒中的最高允许风速可按表2-2的规定执行。

无瓦斯涌出的架线电机车巷道中的最低风速可低于表2-2的规定值,但不得低于 0.5 m/s。

综合机械化采煤工作面,在采取煤层注水和采煤机喷雾降尘等措施后,其最大风速可高于表2-2的规定值,但不得超过 5 m/s。

装有带式输送机的井筒兼作回风井时,井筒中的风速不得超过 6 m/s,且必须装设甲烷断电仪。

箕斗提升井或装有带式输送机的井筒兼作进风井时,箕斗提升井筒中的风速不得超过 6 m/s、装有带式输送机的井筒中的风速不得超过 4 m/s,并应有可靠的防尘措施,井筒中必须装设自动报警灭火装置和敷设消防管路。

二、矿井通风系统的构成

矿井通风系统包括矿井进、回风井的布置方式,主要通风机的工作方法,通风网络和风流控制设施等内容。

《煤矿安全规程》规定,矿井必须有完整的独立通风系统。改变全矿井通风系统时,必须编制通风设计及安全措施,由企业技术负责人审批。

1. 矿井通风方法

矿井通风方法是指主要通风机对矿井供风的工作方法。按主要通风机的工作方法和安装位置不同,分为抽出式、压入式和混合式三种。

2. 矿井通风方式

按进、回风井的位置不同,矿井通风方式分为中央式、对角式、区域式和混合式四种。中央式又可分为中央并列式和中央边界式两种,对角式又分为两翼对角式和分区对角式两种。

3. 控制风流的设施

根据用途不同,控制风流设施可分为引导风流的设施、隔断风流的设施和调节风流的设施。引导风流的设施主要有风硐、风桥等;隔断风流的设施主要有防爆门、风门、挡风墙等;调节风流的设施主要有调节风窗等。

第三章　矿井灾害防治及现场处置

第一节　瓦斯灾害防治

一、矿井瓦斯的性质和危害

1. 矿井瓦斯的定义

矿井瓦斯是指矿井中主要由煤层气构成的以甲烷为主的有害气体。有时单独指甲烷。

矿井瓦斯成分很复杂,主要成分是甲烷(CH_4),其次是二氧化碳(CO_2)和氮气(N_2),还含有少量或微量的重烃类气体(乙烷、丙烷、丁烷和戊烷等)、氢气(H_2)、一氧化碳(CO)、二氧化硫(SO_2)、硫化氢(H_2S)等。

2. 矿井瓦斯的性质和危害

瓦斯是无色、无味、无臭的气体,对空气的相对密度为0.554,几乎比空气轻一半,所以在井下空气中,常积聚在巷道顶部或上山迎头。

瓦斯渗透性很强,是空气的1.6倍,具有燃烧性、爆炸性,微溶于水,无助于呼吸;达到一定浓度时,人会因窒息导致死亡;瓦斯遇火可燃烧、爆炸。

二、矿井瓦斯的涌出

1. 矿井瓦斯涌出形式

瓦斯从煤层或围岩中涌出的形式有普通涌出和特殊涌出

两种。

（1）普通涌出

瓦斯普通涌出是指由于受采动影响的煤层、岩层，以及由采落的煤、矸石向井下空间均匀地放出瓦斯的现象。普通涌出是煤矿瓦斯涌出的主要形式。其特点是：范围大、时间长、量均匀、速度缓。

（2）特殊涌出

瓦斯的特殊涌出包括瓦斯喷出和煤与瓦斯突出。它是瓦斯矿井中极具危害的一种涌出形式。

① 瓦斯喷出是指从煤体或岩体裂隙、孔洞或炮眼中，大量瓦斯（二氧化碳）异常涌出的现象。在 20 m 巷道范围内，涌出瓦斯量大于或等于 1.0 m³/min，且持续时间在 8 h 以上时，该采掘区即定为瓦斯（二氧化碳）喷出危险区域。

其特点是：时间短、喷出量大、不带煤岩。在较短的时间内，采掘工作空间突然充满大量爆炸、窒息性瓦斯是非常危险的。

② 煤与瓦斯突出是指在开采过程中，在地应力和瓦斯的共同作用下，破碎的煤、岩和瓦斯由煤（岩）体内突然向采掘空间抛出的异常的动力现象。

矿井瓦斯突出对安全生产危害极大，它往往摧毁设备，堵塞巷道，遇到高温热源还可能发生瓦斯爆炸，可能产生动力效应并形成破坏作用，造成人员伤亡事故。

2. 矿井瓦斯涌出量和矿井瓦斯等级的划分

（1）矿井瓦斯涌出量

矿井瓦斯涌出量是指在矿井生产过程中涌入巷道内的瓦斯量，可用绝对瓦斯涌出量和相对瓦斯涌出量两个参数来表示。

矿井绝对瓦斯涌出量（$Q_绝$）是指矿井在单位时间内涌出瓦斯的体积，单位为 m³/min 或 m³/d。

矿井相对瓦斯涌出量（$q_相$）是指在正常生产条件下开采 1 t 煤

所涌出的瓦斯体积,单位为 m³/t。

　　矿井瓦斯涌出量并不是固定不变的,它随自然条件和开采技术条件的变化而变化。影响瓦斯涌出量的因素主要有煤层瓦斯含量、地面大气压力的变化、开采规模、开采顺序、开采方法、生产工艺以及通风压力等。

　　(2) 瓦斯等级

　　矿井瓦斯等级应当依据实际测定的瓦斯涌出量、瓦斯涌出形式以及实际发生的瓦斯动力现象、实测的突出危险性参数等确定。

　　矿井瓦斯等级划分为:

　　① 煤(岩)与瓦斯(二氧化碳)突出矿井(以下简称突出矿井);

　　② 高瓦斯矿井;

　　③ 瓦斯矿井。

　　具备下列情形之一的矿井为突出矿井:

　　① 发生过煤(岩)与瓦斯(二氧化碳)突出的;

　　② 经鉴定具有煤(岩)与瓦斯(二氧化碳)突出煤(岩)层的;

　　③ 依照有关规定有按照突出管理的煤层,但在规定期限内未完成突出危险性鉴定的。

　　具备下列情形之一的矿井为高瓦斯矿井:

　　① 矿井相对瓦斯涌出量大于 10 m³/t;

　　② 矿井绝对瓦斯涌出量大于 40 m³/min;

　　③ 矿井任一掘进工作面绝对瓦斯涌出量大于 3 m³/min;

　　④ 矿井任一采煤工作面绝对瓦斯涌出量大于 5 m³/min。

　　同时满足下列条件的矿井为瓦斯矿井:

　　① 矿井相对瓦斯涌出量小于或等于 10 m³/t;

　　② 矿井绝对瓦斯涌出量小于或等于 40 m³/min;

　　③ 矿井各掘进工作面绝对瓦斯涌出量均小于或等于 3 m³/min;

④ 矿井各采煤工作面绝对瓦斯涌出量均小于或等于 5 m^3/min。

第二节　矿井水害防治

一、矿井水(灾)基本知识

(一)矿井充水水源及充水通道

采矿过程中,一方面揭露破坏了含水层、隔水层和导水断层,另一方面引起围岩岩层移动和地表塌陷,从而产生地下水或地表水向井筒或巷道涌水的现象,称为矿井充水。

矿井水来源有大气降水、地表水、含水层水、老空水和断层水等。随着开采的延深,井下含水层水、断层水和上部老空水的危害有增加的趋势。

1. 含水层水

含水层水是矿井涌水最常见、最直接的水源。它可以是孔隙水、裂隙水和喀斯特水。

2. 老窑水

老窑水进入矿井的特点如下:

(1) 在极短的时间内有大量的水涌入矿井,来势凶猛,具有极大的破坏性。

(2) 常为酸性水,具有腐蚀性,易损坏井下设备。

(3) 老窑水与其他水源无水力联系时容易疏干,若与其他水源发生水力联系,则可造成量大而稳定的涌水,危害较大。

(二)矿井突水易发地段

(1) 断层交叉或汇合处。

(2) 断层尖灭或消失端一带。

(3) 褶曲轴部裂隙密集带或小断裂密集带。

(4) 背斜倾伏端一带。

（5）两条大断层相互对扭地带，即张扭性破碎带，导致小构造密集。

（6）与导水或富水大断裂成人字形连接的小断裂带。

（7）复合部位小断层与次级小褶曲轴在底层倾向急剧转折带上的复合部位，或小褶曲轴与底层倾向转折带的复合部位或平缓小轴曲翼部。

（8）压性断裂下盘、张性断裂上盘因富水性强，井巷通过或接近时（须切割强含水层）往往发生突水。

（9）新构造活动强烈的断裂带。

（10）不同力学性质的断裂组成的断裂带，富水性最强，易于发生突水。

二、矿井突水预兆

1. 一般预兆

（1）采、掘工作面煤层变潮湿、松软。

（2）煤体出现滴水、淋水现象，且淋水由小变大。

（3）有时煤体出现铁锈色水迹。

（4）采、掘工作面气温降低，或出现雾气或硫化氢气体（臭鸡蛋味）。

（5）采、掘工作面可听到"嘶嘶"的水叫声。

（6）采、掘工作面矿压增大发生片帮、冒顶及底鼓。

2. 工作面底板灰岩含水层突水预兆

（1）采、掘工作面压力增大、底板鼓起。

（2）采、掘工作面底板产生裂隙，并逐渐增大。

（3）采、掘工作面沿裂隙或煤体渗水，随着裂隙的增大，水量增加，当底板渗水量增大到一定程度时，煤体渗水可能停止，此时水色时清时浊，底板活动时水变浑浊，底板稳定时水色变清。

（4）采、掘工作面底鼓破裂，沿裂隙有高压水喷出，并伴有"嘶嘶"的水叫声。

（5）采、掘工作面底板发生"底爆"，伴有巨响，地下水大量涌出，水色呈乳白色或黄色。

3. 松散裂隙含水层突水预兆

（1）采、掘工作面突水部位发潮、滴水且滴水现象逐渐增大，仔细观察可发现水中含有少量细砂。

（2）采、掘工作面发生局部冒顶水量突增并出现流沙，流沙常呈间歇性，水色时清时浊，总的趋势是水量、沙量增加，直至流沙大量涌出。

（3）顶板发生溃水、溃砂，这种现象可能影响到地表，致使地表出现塌陷坑。

以上突水预兆是矿井发生突水的典型情况，在矿井实际的突水事故中，这些预兆不一定全部表现出来，故煤矿防治水工作应该细心观察，认真分析、判断。

三、矿井水害的防治

防治水害工作要坚持"以防为主、防治结合"，以及"当前和长远、局部与整体、地面与井下、防治与利用相结合"的原则；坚持"预测预报、有疑必探、先探后掘、先治后采"的十六字方针；落实"防、堵、疏、排、截"五项措施，根据不同的水文地质条件，采用不同的防治方法，因地制宜，统一规划，综合治理。

1. 地表水害的防治措施

该措施是指在地表修建防排水工程或采取其他措施，以限制大气降水和地表水补给含水层或直接渗入井下，从而减少矿井涌水量，防止水害事故的发生。地表水防治的主要措施有：慎重选择井筒位置、河流改道、整铺河床、修筑排（截）水沟、堵塞地表水下渗通道等。

2. 井下水害的防治措施

（1）防隔水煤（岩）柱的留设。在水体下、含水层下、承压含水层上或导水断层附近采掘时，为防止地表水或地下水溃入工作地点,留出一定宽度的煤岩层称为防水煤(岩)柱留设。其类型有:断层防水煤(岩)柱、井田边界煤柱、水淹区防水煤(岩)柱、地表水体煤(岩)、冲积层煤(岩)柱、上下(或相邻采区)防水煤(岩)柱和陷落柱防水煤(岩)柱等。留设的防水煤(岩)柱必须保持完整,不得随意采动,必要时注浆加固薄弱带。

(2)井下截水建筑物的设置。防水闸门和防水闸墙是井下防水的主要安全设施,凡水害威胁严重的矿井,在井下巷道设计中,就应当在适当地点预留防水闸门硐室和水闸墙的位置,使矿井形成分翼、分水平或分采区隔离开采。在水患发生时,能够使矿井分区隔离,缩小灾情影响范围,控制水势危害,保证矿井安全。

(3)注浆堵水。注浆堵水就是利用注浆技术将制成的浆液压入地下预定地点,使之扩散、凝固、硬化,达到堵截补给水源和加固地层的作用。其应用领域包括:井筒地面注浆、井筒工作面注浆、井筒壁后注浆、巷道注浆、注浆恢复被淹矿井或采区、帷幕注浆堵水截流、调节矿井涌水量、底板注浆加固防止突水等方面。

(4)建立完善的井下排水系统。矿井排水系统应按照《煤矿安全规程》的要求,配备与矿井涌水量相匹配的水仓、水泵、输电线路等设施,确保矿井正常排水,并满足特殊情况下的排水需要。

(5)含水层的疏放降压。对威胁开采的、较弱的煤层顶、底板直接或间接含水层,采用疏放的办法,使其疏干或降压,煤层可以在无水威胁的情况下实现安全回采。对有限水文地质单元以静储量为主的强含水层,亦可采用疏放的方法。常用的方法有:利用巷道疏放、利用放水钻孔疏放、利用疏放降压钻孔疏放、利用吸水钻孔疏放等。

(6)矿井酸性水的防治。煤层及煤系岩层中常含黄铁矿及有机酸,这些硫化物氧化后形成硫酸,使矿井水呈酸性。酸性水对金属和混凝土有腐蚀作用,危害矿井生产。井下排除酸性水主要采取以下措施:分区排出酸性水;分级排水,降低水泵扬程;冲淡酸性水;中和酸性水;改善水泵、水管的耐酸能力等。

四、矿井发生透水事故时的应急避险

矿井发生突水事故时,要根据灾情采取以下有效措施,进行应急避险:

(1) 在突水迅猛、水流急速的情况下,现场人员应立即避开出水口和泄水流,躲避到硐室内、拐弯巷道或其他安全地点。如情况紧急来不及转移躲避时,可抓牢棚梁、棚腿或其他固定体,防止被涌水打倒或冲走。

(2) 当老空区水涌出,使所在地点有毒有害气体浓度增加时,现场职工应立即佩戴好隔离式自救器或压缩氧自救器。在未确定所在地点空气成分能否保证人员生命安全时,禁止任何人摘掉自救器的口具和鼻夹,以避免中毒窒息事故发生。

(3) 井下发生突水事故后,决不允许任何人以何借口在不佩戴防护器具的情况下冒险进入灾区。否则,不仅达不到抢险救灾的目的,反而会造成自身伤亡、扩大事故。

(4) 水害事故发生后,现场及附近地点工作的人员在脱离危险后,应在可能情况下迅速观察和判断突水的地点、涌水的程度、现场被困人员的情况等,并立即报告矿调度室。同时,应利用电话或其他联络方式及时向下部水平和其他可能受到威胁区域的人员发出警示。

第三节　矿井火灾防治

在世界各采煤国家中,我国是矿井煤炭自燃火灾发生比较严重的国家之一。据1997年的统计,在我国593个国有重点煤矿中,自然发火危险矿井占 51.3%,煤自燃氧化形成的自然发火现象近 4 000 次,形成火灾次数高达 360 次。在矿井火灾中,煤炭自然发火占 90%以上。

一、火灾的基本知识

（一）火灾的三要素

矿井火灾发生的原因虽是多种多样的,但构成火灾的基本要素归纳起来都有热源、可燃物和空气三个方面,俗称火灾三要素。

1. 热源

具有一定温度和足够热量的热源才能引起火灾。在矿井中,煤的自燃、瓦斯煤尘爆炸、爆破作业、机械摩擦、电流短路、吸烟、烧焊以及其他明火等都可能成为引火源。

2. 可燃物

在煤矿矿井中,煤本身就是个大量而且普遍存在的可燃物。另外,坑木、各类机电设备、各种油料、炸药等都具有可燃性。可燃物的存在是火灾发生的基础。

3. 空气

燃烧就是剧烈的氧化现象,空气的供给是维持燃烧不可缺少的条件。实践证明:3%氧浓度,燃烧不能维持;12%氧浓度,瓦斯失去爆炸性;14%以下氧浓度,蜡烛也会熄灭。

以上介绍的火灾三要素必须是同时存在,相互配合,而且达到一定的数量,才能引起矿井火灾。

（二）矿井火灾的分类及其特性

1. 矿井火灾的分类

火灾分类根据出发点和依据不同,其方法也不同。目前常用的分类方法为按引火原因分为内因火灾和外因火灾,它们的特性对比见表 3-1。

表 3-1   **矿井外因火灾与内因火灾对比**

分类\\特点	外因火灾	内因火灾
时间	突然性	缓慢性
地点	广泛性	主要在采空区、煤柱
几率	小	大(特别是自然发火煤层)
结果	多为重大恶性事故	有过程预兆,容易预防

(1)外因火灾。煤矿井下使用明火(明火矿灯、电焊、气焊、火炉、电炉等)、电气设备和机械设备安装运转不良、瓦斯爆炸、火药爆破等都可能导致这种火灾。这种火灾发生都比较突然,发展也较快,常常出乎人的意料之外,并无预兆可查。防止这种火灾的根本措施,就是避免出现上述种种高温热源,严格规章制度和加强管理等。

(2)内因(自燃)火灾。自燃物在一定的外部条件(适量的通风供氧)下,自身发生物理化学变化,产生并积聚热量,使其温度升高,达到自燃点而形成的火灾称为内因火灾。

在煤矿中自燃物主要是具有自燃倾向性的煤炭。它大都发生在煤矿井下的采空区、煤巷冒顶和被压出现裂隙或破碎的煤柱内。在整个矿井火灾事故中,内因火灾占的比例很大。我国1953～1984年矿井火灾统计资料表明,自燃火灾占94%。

2.矿井火灾的特点

矿井火灾救灾难度最大,技术性最强,危险性最大。其特点是:

(1)矿井火灾作用时间长、影响范围大。

(2)产生高温火烟及有毒有害气体。

(3)产生火风压造成井下风流紊乱(火烟逆退、回流)。

(4)引起瓦斯和煤尘爆炸。

(5)产生再生火源。

二、灭火方法

（一）灭火概述

灭火原理：

（1）冷却——把燃烧物质的温度降低到燃点以下。

（2）隔离和窒息——使燃烧反应体系与环境隔离，抑制参加反应的物质。

（3）稀释——降低参加反应物（气体）的浓度。

（4）中断链反应。

现代燃烧理论认为，燃烧反应是由于可燃物分解成游离状态的自由基与氧原子相结合，发生链反应后才形成的。因此，阻止链反应发生或不使自由基与氧原子结合，就可以抑制燃烧，达到灭火目的。在实际灭火中，是以上几种原理的综合应用。

灭火是破坏燃烧三个条件同时存在和消除燃烧三个条件（之一、之二或全部）的过程。灭火的实质就是把正在燃烧体系内的物质冷却，将其温度降低到燃点之下，使燃烧停止。

《煤矿安全规程》规定：任何人发现井下火灾时，应视火灾性质、灾区通风和瓦斯情况，立即采取一切可能的方法直接灭火，控制火源，并迅速报告矿调度室。矿调度室在接到井下火灾报告后，应立即按灾害预防和处理计划，通知有关人员组织抢救灾区人员和实施灭火工作。

（二）发生火灾时现场人员行动原则

（1）当煤矿井下发现烟雾、明火时，首先应采取措施，直接灭火，同时立即汇报矿井负责人。

（2）当火灾发展到一定程度，很难直接处理时，应请求矿山救护队的支援，并向当地煤炭行业主管部门和煤炭安全监察部门汇报。

（3）成立救灾指挥部，制订救灾方案，迅速抢救遇难人员，注意灾变风流的变化。

（4）按照先控制、后灭火的原则，处理火灾。火灾初期火焰弱、范围小，只要行动迅速、措施得当，是很容易扑灭的。如果行动迟缓、犹豫不决或临阵逃脱、延误时机，就会使火灾蔓延扩大，造成严重伤亡。

（三）灭火方法

灭火就其方法而言，可分为直接灭火、隔离灭火和综合灭火三大类。

矿井要按照《煤矿安全规程》要求：在井上、下设置消防材料库，储备一定数量的灭火材料和工具。在井下火药库、机电所、检修所、材料库、井底车场、胶带输送机巷道、采掘工作面附近的巷道中，都应备有灭火器材。这样就为消灭初期火灾提供了最起码的手段。实践证明，唯有抓住火灾初起的时机才能有效地予以扑灭，防止火灾的扩大。

1. 直接灭火法

采用灭火剂或挖除火源等方法把火直接扑灭，称为直接灭火法。无论是井上还是井下所发生的火灾，凡是能直接扑灭的，均应尽量扑灭。

直接灭火主要方法有：

（1）用水灭火。

注意问题：水量充足；保持正常通风；由边缘到中心灭火，防止水煤气爆炸；防止顶板受热离层，冒顶伤人；水不能直接扑灭电类、油类火灾；灭火人员站在上风侧；随时检查瓦斯浓度等。

（2）用砂子、岩粉灭火：主要用于扑灭电气火灾。

（3）挖除火源。

（4）泡沫灭火。

（5）干粉灭火。

2. 隔绝灭火法

当火势发展到一定程度，不能立即采取措施处理，只有立即砌筑密闭,封闭火区,隔绝灭火。

　　3.综合灭火法

　　综合灭火法就是当火源范围大,利用直接灭火或隔绝灭火难以扑灭时,可采用直接灭火和隔绝灭火相结合的灭火办法。具体就是先用防火墙将火区封闭,然后再采取其他手段,如向密闭墙内灌水、注浆、注入惰性气体、调节风压等,使火区火势加速熄灭。

　　(1)灌浆与阻化剂防灭火

　　灌浆就是把黏土、粉碎的页岩、电厂煤灰等固体材料与水混合、搅拌,配制而成一定浓度的浆液,借助输浆管注入或喷洒在采空区里,达到防火和灭火的目的。

　　(2)阻化剂防灭火

　　在化学上,凡是能减少化学反应速度的物质皆称为阻化剂。实验和应用表明,阻化剂只有与水混合成一定浓度的水溶液后才能抑制和起到防火作用。其作用机理是:① 增加煤在低温时的化学惰性或提高煤氧化的活化能;② 形成液膜包围煤块和煤的表面裂隙面;③ 充填煤柱内部裂隙;④ 增加煤体的蓄水能力;⑤ 水分蒸发吸热降温。阻化剂的实质是降低煤在低温时的氧化速度,延长煤的自然发火期。

　　(3)均压防灭火

　　均压防灭火的实质是:利用风窗、风机、风门等通风设施,改变漏风区域的压力分布,降低漏风压差,减少漏风压差,减少漏风,从而达到抑制遗煤自燃、惰化火区或熄灭火源的目的。

　　(4)惰性气体防灭火

　　惰气是指不可燃气体或窒息性气体,主要包括氮气、二氧化碳及燃料燃烧生成的烟气等。

　　目前在煤矿中广泛应用的主要是注入氮气防灭火技术。氮气既可以迅速有效地扑灭明火,又可以防止采空区遗煤自燃。

第四节　矿尘防治

一、矿尘基本知识

矿尘是指煤矿生产过程中所产生的各种矿物细微颗粒的总称,又叫做粉尘。因粉尘的颗粒直径很小,通常用微米表示(1 mm=1 000 μm)。矿尘对矿井的安全生产有着重要的影响。

（一）矿井粉尘的产生及分类

1. 矿井粉尘的产生

在矿井开拓、掘进、采煤、运输及提升各生产环节中都会产生矿尘,以采掘工作面产生的矿尘数量最多,约占全部矿尘的80%;其次在运输系统的装载点,也会产生相当数量的矿尘。此外,矿山压力和地质构造作用也会产生矿尘,但所占比例较小。

2. 矿尘的分类

（1）按成分分为:岩尘、煤尘和水泥粉尘等。

（2）按矿尘的粒径组成范围分为:

① 全尘(总粉尘)。指各种粒径的矿尘之和。对于煤尘,常指粒径为1 mm以下的尘粒。

② 呼吸性粉尘。主要指粒径在5 μm以下的微细尘粒,它可以经由人体上呼吸道进入肺部,是导致尘肺病的主要病因,对煤矿工人健康危害极大。

（3）按矿尘的存在状态分为:

① 浮游矿尘。悬浮于矿内空气中的矿尘。

② 沉积矿尘。从矿内空气中沉降在地面、器物表面、井巷四壁的矿尘,简称落尘。

浮尘和落尘可以随着所处环境的变化相互转化。浮尘因自重逐渐沉降下来变成沉积状态,而沉积矿尘受到外界干扰,如振动、风流等,又可再次飞扬起来呈现浮游状态。

（二）矿尘的危害

矿尘具有很大的危害性,它的危害主要表现在以下两个方面:

（1）导致职业病。煤矿工人长期吸入矿尘后,轻者会患呼吸道炎症,重者可导致尘肺病,严重影响人体健康和寿命。据统计:目前我国煤矿约有尘肺患者 50 余万,是工伤死亡人数的 2.5 倍。《煤矿安全规程》规定:煤矿企业必须加强职业危害的防治与管理,做好作业场所的职业卫生和劳动保护工作,采取有效措施控制尘、毒危害,保证作业场所符合国家职业卫生标准。

（2）可以发生燃烧和爆炸。矿尘中的煤尘具有可燃性,遇有外界火源,很容易引起火灾,而有的煤尘还会发生爆炸,造成人员伤亡和巨大的财产损失。此外,矿尘还会影响设备的性能及其使用寿命,影响工作人员的视线,不利于及时发现事故隐患,造成意外伤亡。

（3）恶化工作环境,影响安全生产。

二、综合防尘措施

（一）减尘措施

减尘措施是指减少煤尘产生量的措施,它是防尘技术措施中最积极有效的措施,主要包括向煤岩体注水、湿式打眼、湿式作业等措施。

1. 煤层注水

煤层注水是在回采前预先在煤层中打若干钻孔,利用钻孔向煤层注入压力水,增加煤的水分和尘粒的黏着力,使煤体得到预先润湿。降低煤的强度和脆性,增加塑性,减少采煤时的煤尘生成量。同时,将煤体中原生粉尘结为较大的尘粒,使之失去飞扬能力。这是防治煤尘的一项根本措施。

2. 湿式作业

（1）湿式凿岩、钻眼

该方法的实质是指在凿岩和打钻过程中,将压力水通过凿岩机、钻杆送入并充满孔底,以湿润、冲洗产生的矿尘,达到减少岩尘的产生和飞扬的目的。湿式凿岩的除尘率可达 90% 以上,可提高凿岩速度 10%～15%。

（2）水炮泥

水炮泥就是用装水塑料袋代替部分炮泥填于炮眼内。爆破时水袋破裂,水在高温高压下汽化,然后或以细小尘粒为核心凝结,或凝结成雾粒湿润矿尘,到降尘的目的。采用水炮泥比单纯用黏土炮泥时产生的矿尘浓度低 20%～50%,尤其是能使呼吸性粉尘含量有较大的减少。同时,水炮泥还能减少爆破产生的有害气体,缩短通风时间,并能防止爆破引燃瓦斯。

（二）降尘措施

降尘措施是矿井综合防尘工作的重要环节,现行的降尘措施主要包括喷雾洒水、净化风流、冲洗岩帮、装岩洒水等。

1. 喷雾洒水

喷雾洒水降尘是矿井普遍采用的降尘措施,每一个矿井必须建立防尘洒水管路,其具体要求是:

（1）防尘洒水管路系统应到达所有采掘工作面、溜煤眼、翻罐笼、运输机转载点、采煤工作面的回风巷和中间运输巷、石门。

（2）供水管路的管径与强度应能满足该区段负载的水压和水量的要求。

（3）水幕、喷雾洒水的喷嘴等主要部件,应采用铜质等不锈材料制作。

（4）井下消防管路系统应每隔 100 m 设置支管和阀门,但在带式输送机巷道中应每隔 50 m 设置支管和阀门。地面的消防水池必须经常保持不少于 200 m³ 的水量。如果消防用水同生产、生活用水共用同一水池,应有确保消防用水的措施。

2. 净化风流

净化风流就是使井巷中的含尘空气通过一定的设备或设施,

将粉尘捕获而使风流净化的技术措施。净化风流的目的主要是提高风质,一般要求矿井进风中粉尘浓度不应大于 0.25 mg/m³。采区进风中粉尘浓度不应大于 0.5 mg/m³。目前,较常用的净化风流方法是在巷道中装设水幕。

水幕是在敷设于巷道顶部或两帮水管上间隔地安上数个喷雾器喷雾形成的,喷雾器的布置应以水幕布满巷道断面且尽可能靠近尘源为原则。净化水幕应安设在支护完好、壁面平整、无断裂破碎的巷道段内。

3. 冲洗岩帮、清扫积尘

《煤矿安全规程》规定:矿井必须及时清除巷道中的浮煤,清扫或冲洗沉积煤尘,定期撒布岩粉,定期对主要大巷刷浆。这样不仅可以大大减少沉积在顶帮、支架上的粉尘受爆炸波冲击引起的二次飞扬,而且湿润的帮壁使工作面空气湿度增加,又能黏附空气中的浮尘。

4. 装岩洒水

装岩时对岩堆要进行洒水处理。据有关测定结果表明,装岩时向岩堆洒水一次,工作地点的矿尘浓度约为 5 mg/m³;分层每次洒水,工作地点矿尘浓度小于 2 mg/m³;不洒水干装岩,工作地点矿尘浓度大于 10 mg/m³。

(三)通风除尘

通风除尘是指通过风流的流动将井下作业点的悬浮矿尘带出,降低矿尘浓度。通风除尘效果跟风速及矿尘密度、粒度、形状、湿润程度等有关,风速过低,不易排出矿尘;风速过高,能将落尘扬起,又增大了井巷的粉尘浓度。一般来说,采煤工作面风速为 1.2~2.0 m/s、掘进工作面风速为 0.4~0.7 m/s 时,浮游煤尘量最小。

(四)隔尘措施

在作业环境中粉尘较大的地带,工人应佩戴防尘护具,主要有防尘口罩、防尘帽和防尘呼吸器等。

对防尘口罩的基本要求是:阻尘率高,呼吸阻力和有害空间小,佩戴舒适,不妨碍视野。普通纱布口罩阻尘率低,呼吸阻力大,潮湿后有不舒适的感觉,应避免使用。

第五节　煤矿用电及运输安全

一、电气事故的预防

虽然触电事故都是在一瞬间发生的,但并不是不可预防的。搞好安全用电,首先应从思想上增强安全意识,严格执行《煤矿安全规程》和操作规程的有关规定;不得带电检修和带电搬迁电气设备,不得甩掉漏电继电器;井下保护接地要合格;井下电缆不得存在"鸡爪子"、"羊尾巴"和明接头的现象,工人在井下行走时扶拉电缆都可能造成人身触电事故。

煤矿井下电火花能够点燃瓦斯引起爆炸,所以,必须对煤矿井下电火花严格控制和管理。电火花事故预防首先应按《煤矿安全规程》、"三大保护"的要求执行。

(1)漏电保护。当井下发生漏电时,漏电电流超过 5 mA,检漏继电器将切断电网供电,从而消除电火花。

(2)过流保护。当流过电气设备的电流长时间超过它额定电流时,过流保护装置将切断电网过流线路中的电源。

(3)保护接地。《煤矿安全规程》规定:电压在 36 V 以上和由于绝缘损坏可能带有危险电压的金属外壳、构架、铠装电缆的钢带、铅皮或屏蔽护套等必须有良好的保护接地。接地网上任一保护接地点的接地电阻值不得超过 2 Ω。每一移动式和手持式电气设备至局部接地极之间的保护接地用的电缆芯线和接地连接导线的电阻值不得超过 1 Ω。当检漏继电器损坏或被甩掉时,小量的漏电电流可通过保护接地装置将漏电电流引入大地。

（4）加强对煤矿安全工作的管理，严禁工人穿化纤衣服。非专业人员或值班电工不得操作电气设备。

二、电气设备的失爆及其防治措施

1. 防爆电气设备的失爆

防爆电气设备的失爆是指矿用电气设备的隔爆外壳失去了耐爆性或隔爆性，即矿用防爆电气设备不能保证在一定的危险场所安全供电、用电、通讯、检测和控制。

一台已经失去了防爆性能的防爆型电气设备，若其内部发生爆炸，就会因为外壳的损坏而直接引起壳外的爆炸混合物质的爆炸，或者是内部发生爆炸的生成物或残余物通过各部分或局部间隙仍然点燃壳外的爆炸性气体的爆炸，这将是十分危险的甚至是致命的。因此，已经失爆的任何防爆型电气设备，都必须禁止使用。

2. 隔爆电气设备常见的失爆现象

（1）隔爆外壳有裂纹、开焊，严重变形长度超 50 mm 同时凹坑深度超过 5 mm 者，隔爆外壳内、外表面有锈皮脱落，螺纹扣损坏或拧入螺孔深度不符合规定，致使其机械强度达不到耐爆性的要求。

（2）接合面有严重锈蚀、机械划伤、凹坑，连接螺钉没有压紧，间隙过大，因此失爆。

（3）闭锁装置不全、变形、损坏而不起作用。

（4）螺栓或螺孔滑扣，或螺栓折断在螺孔中。

（5）接线柱、绝缘座管烧毁，使两个空腔连通，两腔连续爆炸时产生压力叠加使外壳炸坏而失爆。

（6）在隔爆外壳内不经批准随便增加元件或部件，使某些电气距离小于规定值，造成经外壳相间弧光短路，使外壳烧穿而失爆。

（7）电缆进、出线口没有使用合格的密封圈和封堵挡板，或者安装不合格。

3. 矿用隔爆型电气设备的失爆原因

(1)隔爆电气设备运行到一定程度或由于维护和定期检修不妥,防护层脱落,往往使隔爆面上出现砂泥、灰尘等杂物,某些用螺钉紧固的平面对口接合面上也会出现凹坑,有可能使隔爆面间隙增大。

(2)井下电气设备由于移动或搬运不当而发生磕碰,使外壳变形或产生严重的机械伤痕;或在使用中也很可能发生碰击现象,严重时可能增加接合面间隙。

(3)装配时产生严重的机械伤痕。这是由于装配前隔爆面上铁屑、焊釉等杂质没清除干净而划伤隔爆面造成的,在转盖式结构的接合面上特别容易发生这种现象。

(4)隔爆面上产生锈蚀而失爆。这是由于井下湿度大,钢制零件容易氧化而产生锈蚀斑点,损伤光洁度所致。

(5)拆卸防爆电动机端盖时,用器械敲打,将端盖打坏或产生不明显的裂纹而失爆。

(6)螺钉紧固的隔爆面,由于螺孔深度过浅或螺钉太长,而不能很好地紧固,从而使隔爆面产生间隙而失爆。

4. 隔爆型电气设备失爆的防治

失爆都是由于安装、运行、维修质量不符合标准或产品质量不合要求所引起的。因此,必须严格保证质量,才能防止失爆。

(1)搬运中应注意的事项

井下尤其是采掘工作面,设备装车、卸车、搬运工作比较困难,甚至有的地方全靠人力运输。因此,安全地把防爆电气设备运送到使用地点,对于保证其防爆性能很关键。在搬运中,要注意以下事项:

① 电气设备装车时,要轻装轻放,不要乱扔乱摔。

② 在主运输巷道内,用电机车等设备运行时,速度不宜过快,

防止掉道碰车,损坏设备。

③ 卸车时,不能"大撒把",要注意不要把线嘴、线盒手把、仪表碰坏。临时存放地点不能有积水、淋水。

④ 采掘工作面范围内,一般采用绞车、推车等搬运设备。

(2)设备使用中的维护工作

加强防爆电气设备在使用中的维护工作是十分重要的。

① 运行中的隔爆电气设备,周围环境要干燥、整洁,不能堆积杂物和浮煤,保持良好的通风;设备上的煤尘要及时打扫;顶板要插严背实,有可靠的支架,防止矸石冒落砸坏设备;底板潮湿时,要用非燃性材质做个台子,把设备垫起来;避不开的淋水,要搭设防水槽,避免淋水浇到电气设备上。

② 对隔爆外壳和隔爆接合面的精心维护,是保持设备耐爆性和隔爆性能的一项主要内容。为此,在拆卸隔爆外盖时,不能重锤敲打,打开外盖后,必须对隔爆接合面妥善加以保护,防止机械损伤和污染;不允许用金属利器刮拭接合面;为防止生锈,可在隔爆接合面上涂上薄薄一层凡士林或防锈油,但不准涂漆。

③ 因急需拆下来未经上井检修的隔爆电气设备时,要在井下现场进行小修:更换老旧螺栓和失效的弹簧垫圈,擦净隔爆腔内的煤尘、电弧、铜末、潮气,修理接线柱丝扣、变形的卡爪,修理或更换烧灼的触头,防爆面除锈,擦拭涂油,并用欧姆表测量其三相之间、相地之间的绝缘情况,看是否符合规程要求。用塞尺测量隔爆间隙是否合乎要求,合格后方可使用。不经检修,零件不全,螺丝折断,绝缘、防爆间隙不合要求的设备不准使用。

④ 设备使用要合理,保护要齐全。增加容量要办理手续,要有专人掌握负荷情况。

⑤ 为了及时排除设备故障,保证隔爆性能良好,井下使用单位必须在现场准备一定数量的备件和材料。

⑥ 井下防爆电气设备的运行、维护和修理,必须由经过培训

的专责维修电工担任,防爆电气设备必须符合防爆性能的各项技术要求。防爆性能受到破坏的电气设备应立即处理或更换,不得继续使用。

三、井下安全用电的有关规定

《煤矿安全规程》要求,煤矿井下供电必须满足有关规定:

第四百四十一条　矿井应有两回路电源线路。当任一回路发生故障停止供电时,另一回路应能担负矿井全部负荷。

第四百四十二条　对井下变(配)电所[含井下各水平中央变(配)电所和采区变(配)电所]、主排水泵房和下山开采的采区排水泵房供电的线路,不得少于两回路。

第四百四十三条　严禁井下配电变压器中性点直接接地。

严禁由地面中性点直接接地的变压器或发电机直接向井下供电。

第四百四十四条　选用的井下电气设备,必须符合有关规程。

普通型携带式电气测量仪表,必须在瓦斯浓度 1.0% 以下的地点使用,并实时监测使用环境的瓦斯浓度。

第四百四十五条　井下不得带电检修、搬迁电气设备、电缆和电线。

第四百四十六条　操作井下电气设备应遵守下列规定:

(一)非专职人员或非值班电气人员不得擅自操作电气设备。

(二)操作高压电气设备主回路时,操作人员必须戴绝缘手套,并穿电工绝缘靴或站在绝缘台上。

(三)手持式电气设备的操作手柄和工作中必须接触的部分必须有良好绝缘。

第四百四十七条　容易碰到的、裸露的带电体及机械外露的转动和传动部分必须加装护罩或遮栏等防护设施。

第四百五十二条　防爆电气设备入井前,应检查其"产品合格证"、"煤矿矿用产品安全标志"及安全性能；检查合格并签发合格后，方准入井。

四、矿井运输事故的预防措施

（一）平巷运输事故的防治

1. 架线式电机车事故防治

要严格执行《煤矿安全规程》，杜绝违章指挥、违章作业。对电机车要加强维修和管理，机车和矿车定期检修，发现隐患及时处理，提高司机及有关人员的技术素质和操作水平。加强巷道和线路的维修保养，疏通巷道积水，对巷道内的电缆管路经常检查，发现有障碍时，及时清除，保证车辆、人员畅通无阻。在运送人员时，为确保安全，列车运行速度不得超过 3 m/s。

2. 蓄电池电机车事故预防

应保证电机车在运行中发生冲击和振动时外壳振动小，一般认为蓄电瓶的极板与机车车轴垂直放置时最稳定；蓄电瓶之间应当采用特制的连接线连接，且长度越短越好。接线系统应简单，使之不易发生差错；在任意两个相邻电瓶间，电位差应当最小，以避免局部放电和短路。

3. 防爆型柴油机车运输

要定期对机车进行检查和维护，保证正常运转。

4. 人力推车

在小煤矿，掘进工作或短途运输中，有很多矿井采用人力推车。《煤矿安全规程》规定：人力推车，一次只准推一辆车，不准用顶车的办法推车，同向推车的间距在坡度小于或等于 5‰时不得小于 10 m；坡度大于 5‰时，不得小于 30 m。坡度大于 7‰时严禁推车，有些矿井没有认真执行《煤矿安全规程》，超坡度采用人力推车，有些矿工推车时只推车不看路，下坡时放飞车造成运输事故。

（二）斜巷运输事故防治

斜巷运输事故主要有跑车事故、蹬车及其他事故。

预防措施：为了预防斜井运输事故的发生，应教育广大职工严格执行《煤矿安全规程》和操作规程。绞车司机必须经过安全技术培训，持证上岗，提高操作和管理水平。操作中应严格执行操作规程，设备、车辆应执行定期检修制度，检修后应符合《煤矿矿井机电设备完好标准》。认真检查钢丝绳与矿车之间的连接，矿车和钢丝绳之间的连接，必须使用不能自行脱落的连接装置，倾斜角度超过 12°时，应加装保险绳。加强工种之间的联系，信号、把钩工和推车工必须紧密配合，保证警示信号及工作信号清晰准确。设置挡车器，《煤矿安全规程》规定倾斜井巷各车场应设信号所和躲避硐，并必须设挡车器或挡车栏，上部水平车场必须设阻车器，斜巷兼做人行道时，斜巷一侧，必须设专用人行道，人行道必须畅通无阻，严禁堆放任何物料影响行人。斜巷坡度大于25°必须设扶手栏杆。

（三）输送机事故防治

输送机事故主要有刮板输送机事故和带式输送机事故。

预防措施：必须按照《煤矿安全规程》要求对设备进行安装和维护，认真观察运行状态，不得违章乘坐运输设备；各部件螺栓安装齐全。在胶带输送机巷道中，行人经常跨越地点，必须架设过桥，及时清除机头及两侧的浮煤，经常扫除减速器、联轴器、电动机外壳积尘和浮煤，保证设备的完好。

第六节　矿工自救、互救及现场急救

每个入井人员必须熟知以下内容：

① 熟悉矿井的灾害预防和处理计划；

② 熟悉矿井的避灾路线和安全出口；

③ 掌握避灾方法,会使用自救器;

④ 掌握抢救伤员的基本方法及现场急救的操作技术。

一、矿工的自救与互救

所谓自救就是井下发生意外灾变时,在灾区或受灾变影响的区域内每个工作人员进行避灾和保护自己的方法。互救就是在有效地进行自救的前提下,如何妥善地救护灾区内受伤人员的方法。

矿井内发生事故的初期,在其波及范围和危害程度一般都比较小的情况下,往往是消灭事故、减少损失的最有利时机。因此,在场人员如果能沉着冷静,针对事故的性质及现场条件,采取相应的有效措施及时处理,就能够最大限度地减少事故的危害程度。如果不能消灭事故,就应及时采取自救措施、撤离灾区。

(一)井下发生事故时的行动原则

1. 及时报告灾情

发生灾变事故后,事故地点附近的人员应尽量了解或判断事故性质、地点和灾害程度,迅速地利用最近处的电话或其他方式向矿调度室汇报,并迅速向事故可能波及的区域发出警报,使其他工作人员尽快知道灾情。在汇报灾情时,要将看到的异常现象(火烟、飞尘等)、听到的异常声响、感觉到的异常冲击如实汇报,不能凭主观想象判定事故性质,以免给领导造成错觉,影响救灾,这在我国煤矿救灾中是有沉痛教训的。

2. 积极抢救

灾害事故发生后,处于灾区内以及受威胁区域的人员,应沉着冷静。根据灾情和现场条件,在保证自身安全的前提下,采取积极有效的方法和措施,及时投入现场抢救,将事故消灭在初期阶段或控制在最小范围,最大限度地减少事故造成的损失。在抢救时,必须保持统一的指挥和严密的组织,严禁冒险蛮干和惊慌失措,严禁各行其是和单独行动;特别要提高警惕,避免中毒、窒息、爆炸、触电、二次突出、顶帮二次垮落等次生事故的发生。

3. 安全撤离

当受灾害现场不具备事故抢救的条件,或可能危及人员的安全时,应由现场负责人或有经验的老工人带领,根据矿井灾害预防和处理计划中规定的撤退路线和当时当地的实际情况,尽量选择安全性最好、距离最短的路线,迅速撤离危险区域。在撤退时,要服从领导,听从指挥,根据灾情使用防护用品和器具;遇有溜煤眼、积水区、垮落区等危险地段,应探明情况,谨慎通过。

灾区人员撤出路线选择的正确与否决定了自救的成败。

4. 妥善避灾

如无法撤退(通路被冒顶阻塞、在自救器有效工作时间内不能到达安全地点等)时,应迅速进入预先筑好的或就近地点快速建筑的临时避难所,妥善避灾,等待矿山救护人员的救援,切忌盲动。避灾要根据灾害类型采取相应措施。

(二) 自救器

《煤矿安全规程》规定:突出矿井的入井人员必须携带隔离式自救器。

隔离式自救器有化学氧和压缩氧两种。

1. 隔离式化学氧自救器

以 ZH30 隔离式化学氧自救器为例介绍。

(1) 使用方法

① 使用时去掉保护套。

② 拉断封印条,拉开封口带,用拇指扳起红色扳手。

③ 揭开上外壳扔掉。

④ 取出呼吸器,扔掉下外壳。

⑤ 用拇指扳开初期生氧器的扳手,顺时针转 150° 左右。

⑥ 拔掉口具塞。

⑦ 口含呼吸口具咬口,此时若气囊已经鼓起,可夹好鼻夹用嘴呼吸;若气囊未鼓起,应向自救器呼气将气囊吹鼓,然后夹好鼻夹,用嘴呼吸。

⑧ 戴好头带,佩戴好安全帽,匀速撤离灾区。

(2) 使用中的注意事项

① 选择逃生路线,要选择最快能达到新鲜风流场所的路线。

② 行走时要沉着冷静,呼吸均匀,行走速度根据情况可以稍快或稍慢。

③ 逃生过程中要戴好鼻夹和口具,不能漏气,也不能取下口具说话,必要时可用手势进行联络。

④ 佩戴自救器吸气时,气体比外界大气干热一点,表明自救器内药剂的化学反应在正常进行,对人体无害,不可取下自救器。

⑤ 如果感到呼吸空气中有轻微的盐味或碱味,也不要取下口具,这是少量药粉被呼吸气体带出所致,没有危险。

⑥ 要防止损坏气囊,避免损失氧气。

⑦ 如果气囊压力太小不能满足呼吸需要时,表明自救器防护性能已经失效,应换用自救器。

2. 隔离式压缩氧自救器

以 ZY-45 隔离式压缩氧自救器为例介绍。

(1) 使用方法

① 将佩戴在人体身上的自救器移至身体的正前方。

② 双手分别捏住上盖锁扣迅速取下上盖。

③ 取下上盖丢弃。

④ 展开气囊。注意气囊不能扭折。

⑤ 把口具放入口中,口具片应放在唇和下齿之间。牙齿紧紧咬住嚼块,紧闭嘴唇,使之具有可靠的气密性。

⑥ 逆时针旋动氧气瓶开关旋钮,打开氧气瓶开关(必须完全打开),然后用手指按动补气压板,使气囊迅速鼓起。

⑦ 把鼻夹弹簧扳开,将鼻夹准确地夹住鼻孔,用嘴呼吸。

⑧ 自救器佩戴完毕后选择最短逃生路线,迅速逃离灾区。

(2) 使用中的注意事项

① 在使用过程中要观察压力表的压力,以掌握耗氧情况及撤离灾区的时间,选择到达新鲜风流最近路线。

② 使用时保持沉着冷静,在呼气和吸气时都要慢而深(即深呼吸)。口与自救器的距离不能过近,以免气囊内的呼气软管打折,使呼气阻力增加。使自救器处在最佳状态。在使用后期,清净罐的温度略有上升是正常的,不必紧张。

③ 使用中应特别注意防止利器刺伤、划伤气囊。

④ 在未到达安全地点时,严禁拿下口具说话,以免吸入有害气体。

⑤ 在未到达安全地点时不要摘下自救器。

⑥ 在低温和高温下使用自救器应遵守有关规定。

二、现场急救

现场急救是指准确地判断伤员的伤情,并能正确地采取止血、包扎、骨折固定等急救措施,尤其是对那些大出血、休克昏迷或心脏停止跳动、呼吸停止等处于假死状态下的伤员及时地采取人工呼吸等措施,为伤员的进一步救治赢得时间。

现场急救的主要任务是迅速抢救伤员脱险并进行急救,为危重伤员的转送做好必要的医疗准备工作。准确判断伤情,并采取正确的急救措施进行施救,就要熟悉现场急救技术,如伤情判断、人工呼吸、心脏复苏、止血、创伤包扎、骨折临时固定和伤员搬运等。

（一）伤情判断方法及处置原则（见表 3-2、表 3-3）

表 3-2 伤员伤情判断方法

检查部位	正常特征	非正常特征
心跳	60～80 次/分	严重创伤、大出血伤员心跳加快
呼吸	16～18 次/分	重伤员呼吸多变快、变浅或不规则
瞳孔	两眼瞳孔等大等圆，遇光线能迅速收缩变小	严重颅脑损伤者两瞳孔不等大，用光线刺激不收缩或反应迟钝
神志	神志清醒，对外来刺激能迅速反应	伤势严重的伤员神志模糊或出现昏迷，对外来刺激没有反应

表 3-3 伤员类别及处置原则

伤员类别	症状特征	处置原则
危重伤员	中毒性、外伤性窒息以及各种原因引起的心跳骤停、呼吸困难、昏迷、严重休克、大出血等	先救后送：即必须立即抢救，并在严密观察和继续抢救下，迅速护送至医院
重伤员	骨折及脱位、严重挤压伤、大面积软组织挫伤、内脏损伤等	需要立刻手术治疗的伤员，应迅速转送医院；可暂缓手术的伤员要注意防止休克发生
轻伤员	软组织擦伤、裂伤和一般性挫伤等	现场进行一般性处理后，升井休息，无须送医院

（二）现场急救方法

1. 人工呼吸

人工呼吸是指因事故创伤造成人的呼吸困难或呈停止状态时，应尽快用人为的方法帮助伤员进行呼吸的方法。人工呼吸适用于触电休克、溺水、有害气体中毒窒息或外伤窒息引起的呼吸停止或假死状态者。根据伤员不同的情况，人工呼吸有 3 种操作方法：

（1）口对口吹气法

此法效果好、操作简单、适用性广。操作前使伤员仰卧，救护者跪在伤员头部一侧，一手托起伤员下颌，并尽量使头部后仰，另一手将其鼻孔捏紧，以免吹气时从鼻孔漏气；救护者深吸一口气，然后紧对伤员的口将气吹入，造成吸气（如图3-1所示），并观察伤员的胸部是否扩张，确定吹气是否有效和适当；吹气完毕，松开捏鼻的手，并用一手压其胸部以帮助呼气。如此有节律均匀地反复进行，每分钟吹气14～16次。

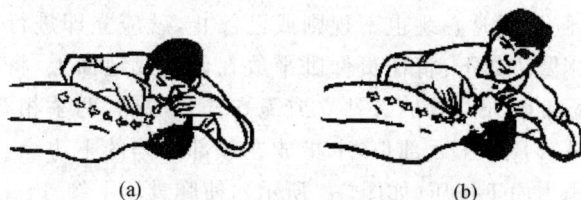

图3-1　口对口吹气人工呼吸法

（2）仰卧压胸法

让伤员仰卧，救护者跨跪在伤员大腿两侧，两手拇指向内，其余四指向外伸开平放在伤员胸部两侧乳头之下，借上身重力压伤员的胸部，挤出肺内空气；然后，救护者身体后仰除去压力，伤员胸部依其弹性自然扩张，使空气吸入肺内，每分钟大约16～20次（如图3-2所示）。此法大多用于抢救有害气体中毒或窒息者，但不适用于肋骨骨折和溺水及 SO_2、NO_2 中毒者，也不能与胸外心脏挤压按摩法同时进行。

（3）俯卧压背法

让伤员俯卧，救护者跨跪在伤员大腿两侧，操作方法与仰卧压胸法大致相同（如图3-3所示）。此法大多用于抢救溺水者。

图 3-2　仰卧压胸法图　　　　　图 3-3　俯卧压背法

2. 心脏复苏

心脏复苏即体外心脏挤压按摩,是用于对各种原因造成心搏骤停的伤员进行抢救的一种有效方法。在井下如果发现伤员已经停止呼吸,同时心跳也不规则或已停止,就应立即进行心脏按压。具体做法如下:将伤员仰卧平放在硬板或地面上,将伤员的衣服和腰带解开。救护者站立或跪在伤员一侧,两手相叠,掌根放在伤员胸骨下 1/3 部位,中指放在颈部凹陷的下边缘,借自己的体重用力向下按压(如图 3-4 所示),使胸骨压下约 3～4 cm,每次下压后应迅速抬手,使胸骨复位,以利于心脏的舒张。按压频率,每分钟 60～80 次。

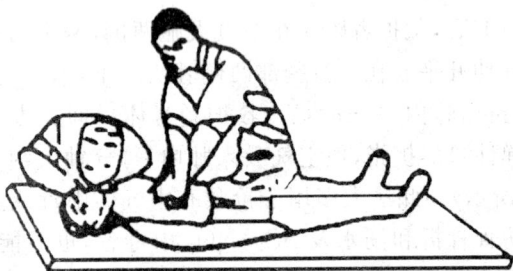

图 3-4　心脏按压法

体外心脏按压与口对口人工呼吸应同时进行,密切配合,心脏按压 5 次,吹气 1 次。按压时,加压不宜太大,以防肋骨骨折及内脏损伤。按压显效时,可摸到伤员颈总动脉、股动脉搏动,散大的瞳孔开始缩小，口唇、面色转红润，血压复升。急救者应有耐心，除非确定伤员已死亡，否则，不可中途停止。

3. 止血

对出血伤员抢救不及时或不恰当，就可能使伤员流血过多而危及生命。出血有动脉出血、静脉出血和毛细血管出血3种。

止血的方法随出血种类的不同而不同。对毛细血管和静脉出血，用纱布、绷带（无条件时，可用干净布条等）包扎伤口即可；大的静脉出血可用加压包扎法止血；对于动脉出血应采用指压止血、加压包扎止血或止血带止血法。常用的暂时性动脉止血方法有：

（1）指压止血法

根据出血位置，采用不同的压迫部位，如图3-5所示。在伤口的上方近心端用拇指压住出血血管，用以阻断血流。采用此法，不宜过久，适用于四肢大出血的暂时性止血等。在指压止血的同时，应寻找材料，准备换用其他止血方法。

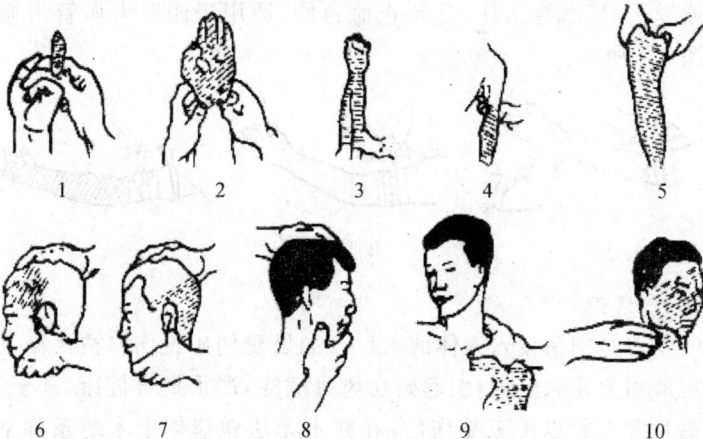

图3-5　指压止血法的止血压点及其止血区域

1——手指；2——手掌；3——前臂；4——肱骨动脉；5——下肢股动脉；

6——前头部；7——后头部；8——面部；9——锁骨下动脉；10——颈动脉

（2）加压包扎止血法

这是最常用的有效止血方法,适用于全身各部。操作方法是:先用消毒纱布(或干净毛巾)敷在伤口上,再用绷带(或布带、三角巾)加压缠紧,并将肢体抬高。对小臂和小腿的止血,也可在肘窝或膝窝内加垫,然后使关节弯曲到最大限度,再用绷带(或布带)将其固定,以利用肘关节或膝关节的弯曲压迫血管,达到止血的目的,如图 3-6 所示。

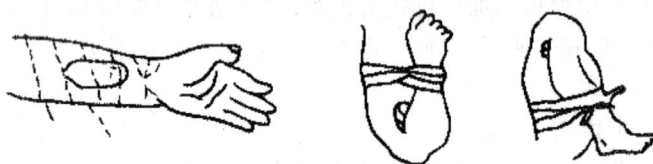

图 3-6　加压包扎止血法

（3）止血带止血法

通常用橡皮止血带(或三角巾、绷带、布胶带等,但禁止用电线或绳子)把血管压住,达到止血目的,适用于四肢大血管出血,如图 3-7 所示。

图 3-7　止血带止血法

4. 包扎

伤口是细菌侵入人体的入口。如果受伤矿工伤口被污染,就有可能引起化脓感染,引起破伤风等病症,严重损害健康,甚至有生命危险。所以矿工受伤后,在井下无法做清创手术的条件下,必须先进行包扎。包扎应用胶布、绷带、三角巾等材料包扎。若现场没有上述材料,可以就地取材,用手帕、毛巾、衣服等代用。

5. 骨折的临时固定

骨折固定可减轻伤员的疼痛,防止因骨折端移位而刺伤邻近的组织、血管、神经,也是防止创伤休克的有效措施。

现场常用的骨折临时固定方法有:

(1)上臂骨折固定包扎法

肘关节屈曲成 90°,在上臂内、外侧各置夹板一块,放好衬垫,用绷带将骨折上、下端固定,用三角巾将前臂吊于胸前,再用一条三角巾将上臂固定于胸部。无夹板时,用一宽布带将上臂固定于胸部,再用三角巾将前臂吊于胸前。

(2)前臂及手部骨折固定包扎法

用两块夹板分别放置在前臂及手的掌侧和背侧,加垫后用绷带或三角巾固定。肘关节屈曲成 90°,用三角巾将前臂吊于前胸。

(3)小腿骨折固定包扎法

从大腿中部至足根,用夹板两块置于小腿内、外侧,加垫后分段固定。无夹板时,可用健肢固定。

6. 伤员的搬运

井下条件复杂,道路不畅,转运伤员要轻、稳、快,避免震动和摇晃。如果搬运不当,可能造成神经、血管损伤,甚至造成终身残废或死亡。因此,没有经过初步固定、止血、包扎和抢救的伤员一般不应转运。搬运时应做到不增加伤员的痛苦,避免造成新的损伤及并发症。

搬运时应注意的事项:

(1)呼吸、心搏骤停及休克昏迷的伤员应先及时复苏后再搬运。若没有懂得复苏技术的人员时,可为争取抢救时间而迅速向外搬运,以迎接救护人员进行及时抢救。

(2)对昏迷或有窒息症状的伤员,要把肩部稍垫高,使头部后仰,面部偏向一侧或采用侧卧位和偏卧位,以防胃内呕吐物或舌头后坠堵塞气管而造成窒息,注意随时都要确保呼吸道的畅通。

（3）一般伤员可用担架、木板、风筒、绳网等运送,但脊柱损伤和骨盆骨折的伤员应用硬板担架运送。

（4）对一般伤员均应先行止血、固定、包扎等初步救护后,再进行转运。

（5）一般外伤的伤员,可平卧在担架上,伤肢抬高;胸外伤的伤员可取半坐位;有开放性气胸的伤员,需封闭包扎后,才可转运。腹腔部内脏损伤,可平卧,用宽布带将腹腔部捆在担架上,以减轻痛苦及出血。骨盆骨折的伤员可仰卧在硬板担架上,曲髋、曲膝,膝下垫软枕或衣物,用布带将骨盆捆在担架上。

（6）搬运胸、腰椎损伤的伤员时,先把硬板担架放在伤员旁边,由专人照顾患处,另有两三人在保持脊柱伸直位,同时用力轻轻将伤员推滚到担架上,推动时用力大小、快慢要保持一致,要保证伤员脊柱不弯曲。伤员在硬板担架上取仰卧位,受伤部位垫上薄垫或衣物,使脊柱呈拉伸位,严禁坐位或肩背式搬运。

（7）对脊柱损伤的伤员,要严禁让其坐起、站立和行走。也不能用一人抬头、一人抱腿或人背的方法搬运,因为当脊柱损伤后,再弯曲活动时,有可能损伤脊髓而造成伤员截瘫甚至突然死亡,所以搬运时要十分小心。

在搬运颈椎损伤的伤员时,要专有一人抱住伤员的头部,轻轻地向水平方向牵引,并且固定在中立位,不使颈椎弯曲,严禁左、右转动。搬运者多人双手分别托住颈肩部、胸腰部、臀部及两下肢,同时用力移上担架,取仰卧位。担架应用硬木板,肩下应垫软枕或衣物,使颈椎呈伸展状（不可垫衣物）,头部两侧用衣物固定,防止颈部扭转,切忌抬头。若伤员的头和颈已处于曲歪位置,则需按其自然固有的姿势固定,不可勉强纠正,以避免损伤脊髓而造成高位截瘫,甚至突然死亡。

（8）转运时应让伤员的头部在后面,随行的人员要时刻注意伤员的脸色、呼吸、脉搏,必要时要及时抢救。随时注意观察伤口是否出血、固定是否牢靠,出现问题要及时处理。走上下山时,应尽量保持担架平衡(即上坡时前面的人要放低、后面的人抬高,下坡时前面的人抬高、后面的人放低),以使伤员保持水平状,防止从担架上翻滚下来。

　　7. 烧伤的急救

　　烧伤急救流程如图 3-8 所示。煤矿发生火灾、瓦斯与煤尘爆炸等事故时,如发现烧伤人员,应按烧伤急救流程进行救治。

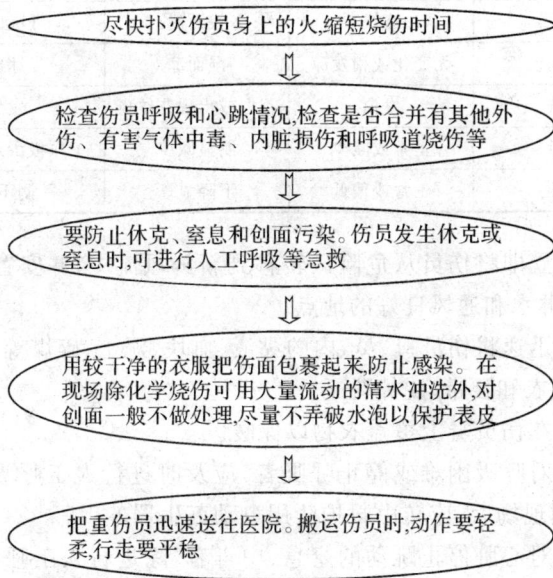

尽快扑灭伤员身上的火,缩短烧伤时间

⇩

检查伤员呼吸和心跳情况,检查是否合并有其他外伤、有害气体中毒、内脏损伤和呼吸道烧伤等

⇩

要防止休克、窒息和创面污染。伤员发生休克或窒息时,可进行人工呼吸等急救

⇩

用较干净的衣服把伤面包裹起来,防止感染。在现场除化学烧伤可用大量流动的清水冲洗外,对创面一般不做处理,尽量不弄破水泡以保护表皮

⇩

把重伤员迅速送往医院。搬运伤员时,动作要轻柔,行走要平稳

图 3-8　烧伤急救流程图

　　8. 抢救窒息、中毒者

　　在井下发现有中毒、窒息者时,一般可根据心跳、呼吸、瞳孔、神志等方面,判断伤情的轻重。正常人每分钟心跳 60～80 次、呼吸 16～18 次,两眼瞳孔是等大等圆的,遇光线后能迅速收缩变小,神志清醒。而休克伤员的两瞳孔不一样大,对光线反应迟钝。

可根据表 3-4 所列情况判断休克程度。对呼吸困难或停止者,应及时进行人工呼吸。当出现心跳停止现象时,除进行人工呼吸外,还应同时进行心脏按压法急救,其操作步骤如下:

表 3-4　　　　　　　　　　休克程度分类表

休克分类	轻　度	中　度	重　度
神志	清楚	淡漠、嗜睡	迟钝或不清
脉搏	稍快	快而弱	摸不着
呼吸	略快	快而浅	呼吸困难
四肢温度	无变化或稍发凉	湿而凉	冰凉
皮肤	发白	苍白或出现花纹斑	发紫
尿量	正常或减少	明显减少	尿极少或无尿
血压	正常或偏低	下降显著	测不到

　　(1)立即将伤员从危险区转移到新鲜风流中,并安置在顶板完好、无淋水和通风良好的地点。

　　(2)迅速将伤员口、鼻、内的黏液、血块、泥土、碎煤等清除掉,并解开上衣和腰带,脱掉靴子。

　　(3)在伤员身上覆盖衣物以保暖。

　　(4)对呼吸困难或停止呼吸者,应及时进行人工呼吸。当救护队来到现场后,应转由救护队用自动苏生器苏生。

　　(5)对心脏停止跳动的窒息、中毒者,除进行人工呼吸外,还应同时进行心脏按压法急救。

　　(6)当伤员出现眼睛红肿、流泪、畏光、喉痛、胸闷现象时,说明是 SO_2 中毒;当出现眼睛红肿、流泪、喉痛及手指、头发呈黄褐色时,说明是 NO_2 中毒。此时只能进行口对口吹气法人工呼吸,不能压胸或压背法人工呼吸,以免加重伤情。

　　(7)在伤员进入医院治疗之前,不能让伤员自己行走。

第二部分 初级工专业
知识和技能要求

第四章　瓦斯防突工基本知识

第一节　影响瓦斯赋存的地质条件

瓦斯的形成和保存、运移和富集与地质条件有密切关系。影响瓦斯的地质条件主要有煤的变质程度、煤系特征和煤层特征、煤层围岩的透气性、地质构造、地下水活动和岩浆活动等因素。

一、煤的变质程度的影响

煤的形成一般要经过两个阶段：腐泥化阶段或泥炭化阶段和煤化作用阶段。在第一阶段，植物的遗体被微生物分解、化合、聚积，低等植物转变为腐泥，高等植物转变为泥炭，这一阶段产生的瓦斯大都放散到大气中；在第二阶段，由于地壳沉降，植物死亡后形成的泥炭或腐泥埋藏于地下深处，在温度和压力条件下发生固结成岩作用和变质作用。在这一阶段，由于煤岩埋藏条件好，产生的瓦斯相当一部分就被储存在煤岩中。

随着煤的变质程度由低到高，产生的瓦斯量逐渐增多，煤的气体渗透率下降，煤对瓦斯的吸附能力呈现有规律的变化。瓦斯的含量从褐煤到长焰煤呈降低的趋势；从长焰煤到烟煤逐步升高，到无烟煤阶段达到最大值；从无烟煤到超无烟煤显著下降，瓦斯含量很少，到石墨时为零。

二、煤系特征的影响

煤系是含煤岩系的简称，也称含煤地层、含煤构造。它是指一套含有煤层,并且在成因上有联系的沉积岩系。

(1)煤系地层厚度、煤系的含煤性等关系到瓦斯的原始赋存特征。一般情况下煤系地层越厚,含煤性越好,瓦斯含量越高,因此,聚煤中心可能是瓦斯含量较高的部位。

(2)在同一地区,一般煤系时代老的(如古生代煤系)较煤系时代新的(如中、新生代煤系)瓦斯含量高。

(3)煤系盖层和煤系基底情况。这影响煤系去气作用的性质,也就是说决定着已生成的瓦斯是保存还是逸散的问题。一般盖层厚度大、坚硬致密、透气性差者(如泥岩、页岩),对瓦斯起保存作用;而厚度小、疏松、裂隙发育、透气性好的盖层和基底,则易使瓦斯逸散。

(4)煤系的暴露程度和风化剥蚀程度与瓦斯含量有关。在其他条件相似情况下,盖层、煤系和基底在地表大面积暴露者,或煤系地层受大面积冲蚀作用者,瓦斯含量小,因为大量瓦斯已沿地表通道逸散。例如:湖南永丰矿区,凡是红色砂岩覆盖于煤系之上的地区,瓦斯均小。这里的红色砂岩是风化剥蚀产物。

三、煤层特征的影响

(1)煤层厚度越大,瓦斯含量越高。厚煤带一般也是瓦斯富集带,煤包往往也是瓦斯包。

(2)一般厚度变化大、结构复杂的煤层瓦斯含量高。这是因为,煤厚剧烈变化,破坏了瓦斯在煤层中的均衡状态,从而促进了瓦斯的运移和变化。

(3)煤层分岔处容易集中瓦斯,易引起突出。

(4)当煤层受到构造应力时,可使煤的原生结构构造受到破坏,形成构造煤,破坏程度由弱到强,瓦斯含量逐渐增高。

(5)煤层埋藏深度。瓦斯有分带现象,在瓦斯风化带以下,所有煤层的瓦斯含量、涌出量及瓦斯压力都随深度有规律地增加。

四、构造运动演化对煤层瓦斯保存的影响

瓦斯作为储存在煤层及围岩中的气体,极易逸散。煤层形成后历经构造运动中拉张陷裂活动,会使煤层瓦斯大量逸散。

（一）褶曲构造对瓦斯赋存的影响

1. 向斜构造

向斜盆地构造的矿区,顶板封闭条件良好时,瓦斯沿垂直地层方向运移是比较困难的,大部分瓦斯仅能沿两翼流向地表。因此,通常向斜构造比背斜构造对瓦斯保存有利。

2. 背斜构造

因背斜顶部裂隙密集发育,形成气体逸散通道,煤岩中瓦斯赋存少;但封闭的背斜有利于瓦斯的储存,是良好的储气构造,或者称圈气构造,这种背斜构造覆盖下的煤岩,其瓦斯赋存较大。

（二）断层对瓦斯赋存的影响

开放型断层有利于瓦斯排放,是瓦斯良好的逸散通道;封闭型断层对瓦斯排放起阻挡作用,成为逸散的屏障。一般情况下,正断层大多是开放型断层,瓦斯容易放散;逆断层大多处于封闭型断层,瓦斯赋存较好。

（三）单斜构造对瓦斯赋存的影响

单斜构造的煤岩其瓦斯赋存主要看其倾角大小。倾角陡有利于瓦斯排放,缓倾斜煤层瓦斯含量高于急倾斜煤层。表 4-1 说明,随倾角的减小,瓦斯带深度变浅。

表 4-1　　　　　　倾角与瓦斯脱放深度的关系

煤层倾角/(°)	瓦斯脱放深度/m
60	80～90
45	70
30	50
20	30～40
10	15～20

五、沉积作用对瓦斯保存的影响

聚煤特征、含煤岩系的岩性、岩相组成及其空间组合均受控于沉积环境,很大程度上决定了瓦斯生成的物质基础,并通过煤层与围岩之间的组合关系而影响瓦斯的保存条件。

一般来说,三角洲、滨海平原沉积环境煤层较厚;冲积平原、浅海环境沉积煤层较薄。三角洲环境沉积煤层的矿井中,高瓦斯和突出矿井较多;滨海环境沉积煤层的矿井中,高瓦斯和突出矿井也比较多;冲积平原沉积煤层的矿井中,矿井瓦斯含量一般不大。

环境演化决定下伏、上覆地层厚度、岩性组合和厚度:

(1)聚煤期前后平静水体环境有利于瓦斯赋存,沉积细碎屑岩、页岩、硅质岩和泥灰岩透气性差。

(2)聚煤期前后冲积环境沉积不利于瓦斯赋存,沉积细碎屑岩、砾岩透气性好。

(3)含煤岩系沉积旋回是指沉积作用和沉积条件按相同的次序不断重复沉积而组成的一个层序。沉积旋回主要是由于地壳周期性振荡运动引起的。沉积旋回是沉降速率、沉积速率和侵蚀速率组合的结果。如果以河流相→河漫相→沼泽相→湖泊相完整旋回,以泥质岩为主沉积时,则有利于瓦斯赋存。若上覆地层以冲积相→湖泊相旋回沉积为主,则不利于瓦斯赋存。

六、水文地质对瓦斯保存的影响

水文地质是影响瓦斯赋存的重要因素之一,主要可概括为以下3种作用:水力运移、逸散作用,水力封闭作用,水力封堵作用。

1. 水力运移、逸散作用

水力运移、逸散作用常见于断层发育地区。其断层具导水性质,通过导水断层或裂隙而沟通煤层与含水层,使水文地质单元的补、排系统完整,含水层与煤层水力联系较好。在地下水的运动过程中,地下水携带煤层气体运移而使之逸散。

2. 水力封闭作用

煤层气因受水力封闭作用而富集,煤层含气量较高。水力封闭作用发生于构造简单的宽缓向斜,断裂不甚发育且断裂构造多为不导水断裂,特别是一些边界断层多具挤压性、逆掩性质而成为隔水边界。水力封闭作用一般发生在深部,地下水通过压力传递作用,使瓦斯吸附于煤中,瓦斯相对富集而不发生运移,所以煤层含气量较高。

3. 水力封堵作用

水力封堵作用常见于不对称向斜或单斜中。在一定压力条件下,瓦斯从高压力区向低压力区渗流,或者说由深部向浅部渗流。压力降低使瓦斯解吸,因此煤层露头及浅部是瓦斯逸散带。如果含水层或煤层从露头接受补给,地下水顺层由浅部向深部运动,则煤层中向上扩散的气体将被封堵,致使瓦斯聚集。

七、岩浆活动的影响

岩浆侵入煤层对瓦斯赋存既有形成、保存的作用,在某些条件下又有使瓦斯逸散的可能。火山作用所形成的大量二氧化碳在一些矿井中可造成二氧化碳突出的威胁。

第二节　煤与瓦斯突出的地质因素

大量的调查结果都肯定了瓦斯突出分布是不均衡的。这种不均衡性与地质条件的差异性有着密切的联系。瓦斯地质研究成果表明,地质条件对煤与瓦斯突出的分区分带具有明显的控制作用。

瓦斯突出不仅需要良好的瓦斯形成和保存的地质条件,还需要具备瓦斯突出的地质条件,这两个方面既有联系又有区别。瓦斯形成和保存的地质因素奠定了突出发生的物质基础,瓦斯突出的地质因素则是发生瓦斯突出的必要条件。在某一矿区、矿井或块段内,因地质条件的差别,影响突出的地质因素不尽相同,开展瓦斯地质研究时要结合实际情况具体分析。

一、突出煤系和突出煤层的基本特征

(一)突出煤系的基本特征

(1)突出煤系细碎屑岩和泥岩所占的比例较大,煤层顶、底板多为泥岩、细粉砂岩等岩层,其透气性较差。非突出煤系中常有较厚的中粗粒砂岩层,煤层顶、底板透气性较好。

(2)突出煤系类型多为海陆交替相含煤岩系,其岩性、岩相和煤层层位在横向上比较稳定,煤层常被石灰岩等致密岩层所覆盖。

(3)突出煤系一般比非突出煤系厚度大,含煤性好,含煤层数多,煤层厚度大,含煤系数高。

(4)突出煤系往往水文地质条件简单,矿井涌水量小,矿井所揭露的巷道煤(岩)壁一般比较干燥。非突出煤系往往地下水活跃,或在主采煤层附近有裂隙溶洞发育的强含水层存在。

(二)突出煤层的基本特征

(1)煤层厚度大。在煤层厚度较稳定的多煤层突出矿井,各煤层突出的危险程度决定于煤层厚度,一般煤层厚度越大,突出的危险程度越大。同一煤层中厚度大的块段比厚度小的块段突出的危险性大。

(2)煤层厚度变化大。多煤层矿井不同煤层比较,厚度变化大的煤层比相对稳定的煤层突出危险性大。据 1980 年统计,江西英岗岭矿区桥二矿,突出总次数为 32 次,由于煤层厚度变化发生的突出次数为 28 次,占总突出次数的 87%。

突出多发生在厚煤地段和煤厚变化带。凸透镜状煤包和被薄煤包围的厚煤地段的突出危险性大。

在煤层厚度变化较大的多煤层矿井:不同煤层相比较,突出危险性随煤厚变化的增大而增强。煤厚变化大的块段比变化小的块段突出危险性大。

（3）煤层分岔处易发生突出。

（4）煤层走向、倾角发生变化的部位，其突出危险性大。

（5）煤层顶、底板为封闭型的，多为泥岩、粉砂岩等，围岩透气性很低，突出危险性大。

（6）煤层以构造煤为主，灰分含量低，煤的破坏程度严重，煤的坚固性系数一般小于 0.5。

（7）低透气性煤层容易突出。

二、地质构造对煤与瓦斯突出的影响

地质构造是控制突出发生的主导地质因素。

地质构造与突出的关系主要表现在：

（1）煤岩层产状及其变化与突出的发生关系密切：在煤、岩层走向，倾向或倾角突然变化的部位，这些部位的突出危险性较大。

（2）同煤层不同分层比较，突出危险程度决定于层间滑动和层间褶皱的发育程度：软硬相间的煤、岩层或同一煤层的不同自然分层，由于力学性质的差异，在褶皱过程中往往发生层间滑动，产生层间揉皱，造成不同自然分层煤体结构破坏程度的差别。破坏严重的煤分层，突出危险性增大。

（3）煤岩层褶皱对突出的影响：

① 突出危险性与褶皱紧闭程度、复杂程度有关：形变量增大，突出危险性增加。广东梅田二矿北三和南二采区，虽然同位于两条逆断层所夹的一条带内，但可分为突出严重程度不同的两个突出带。北三采区两条边界断层间距较小，褶皱紧闭，构造复杂，属严重突出带。而南二采区的两条边界断层间距增大，褶皱宽缓，构造相对简单，是一般突出带。

② 在不协调褶皱发育的多煤层矿井，不同煤层的突出危险程

度和煤层褶皱幅度、强度密切相关。例如：湖南金竹山煤矿一平硐，在可采和局部可采煤层中，靠上部的二、三、四煤层褶皱轻微，而五煤层及其以下各煤层中褶皱断层发育，是突出危险区域（图4-1）。

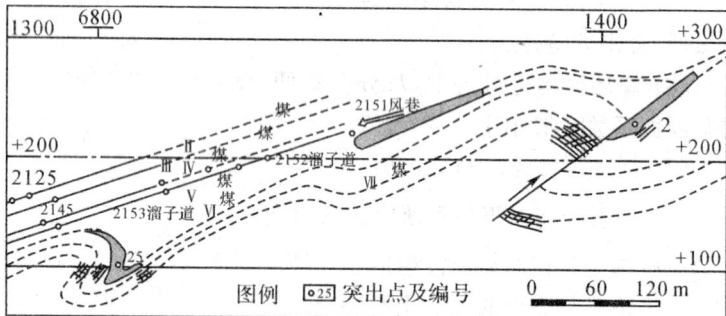

图 4-1　金竹山煤矿一平硐 A-A′地质剖面图

③ 在褶曲的不同部位，突出危险性也有较大差别：一般褶曲轴部的突出危险性大于翼部。

（4）断层对突出的影响：断裂构造是岩层受应力作用发生脆性变形的一种表现。沿破裂面发生明显位移的断层，可根据两盘相对位移方向分为多种类型；按力学性质又可分张性、压性、扭性等几种形式。不同性质、不同力学特点及不同规模的断层，不仅对瓦斯保存和排放有影响，而且与瓦斯突出也有密切关系。

① 断层附近的瓦斯升高区容易发生突出。

封闭断层和开放断层其储存瓦斯的能力不同，因而瓦斯突出的危险性也有差异。据实测资料分析，各种类型的断层带附近，瓦斯涌出量一般比较小，随着与断层距离的改变，瓦斯涌出量有一定的峰值变化。在断层两侧一定范围内，有低值区、高值区和正常区之分（图4-2）。据统计，突出点主要分布在瓦斯涌出量升高区范围内，这种特点对预测突出点的分布有一定的意义。

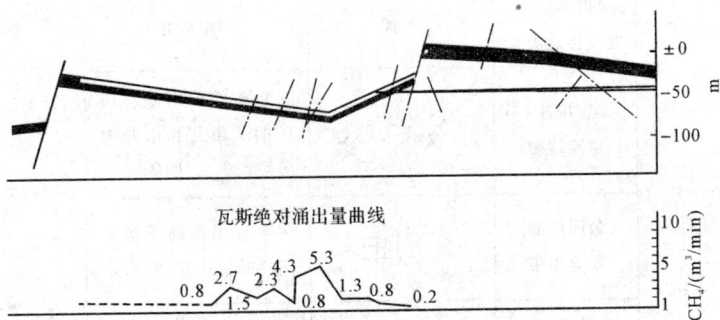

图 4-2　断层附近瓦斯涌出量的峰值变化

② 小断层密集区容易突出。

井田范围内或在煤层中发育的各种小型断裂构造，因其规模较小，对瓦斯的保存和排放影响不大。但这些断层也是局部构造应力集中的反映，在小断层发育、分布密集的地带，反映了构造应力分布不均衡和相对应力集中点增多，这些部位的突出危险性较大（例如图 4-3 所示情况）。

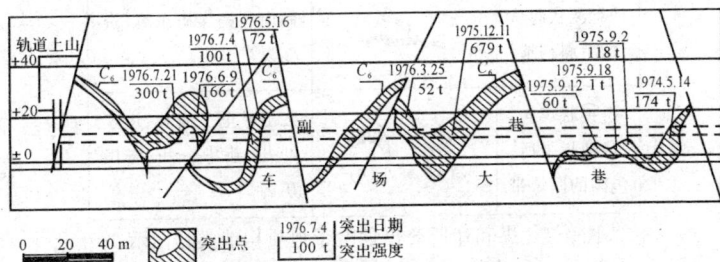

图 4-3　马田煤矿桐子山井±0 大巷瓦斯突出带剖面图

一般地，下列几种地质构造类型属于瓦斯突出危险区域（图4-4）。

突出危险带 地质构造类型	图式	典型矿井
压扭性 逆断层带		立新矿蛇形山井马田矿桐子山艾和山井梅田矿区一、二四矿
紧闭褶皱 发育地带		萍乡青山矿硬子槽英岗岭矿建山井、枫林井
不协调褶皱 发育地带	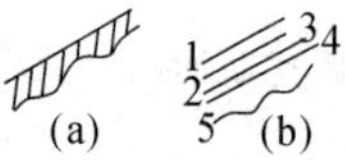	江西新华矿一井湖南里王庙井、坦家冲井、金竹山矿一平硐
封闭断层之间 的地堑式构造		焦作李封矿天宫区
受扭曲的 直立煤层	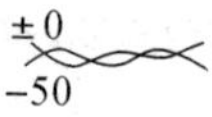	萍乡青山矿大槽、硬子槽、湖南两市塘矿区、立新咸沙坝井
具有波状起伏 的单斜构造		湖南利民煤矿东翼、资江煤矿
透镜状煤包 或薄煤带所 包围的厚煤带	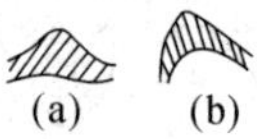	红卫矿里王庙井、坦家冲井、新华一井、海田矿区

图 4-4　煤和瓦斯突出危险带地质构造类型图示

三、煤体结构对瓦斯突出的影响

煤与瓦斯突出发生在煤层中,煤的结构特征对突出也有显著影响。一般,原生结构的煤不发生突出,属非突出煤;受构造应力作用,煤的原生结构遭受破坏后所表现出的结构称为构造结构。突出煤层均具有构造结构特征。根据大量突出点的调查统计,在发生突出的地点及附近的煤层都具有层理紊乱、煤质松软的特点。在突出矿井,煤质变软是突出的一种预兆。

所谓软分层或者软团块、软煤,是与正常煤层相比而言的。用手捻搓易成厘米、毫米级碎粒甚至煤粉。

在地质构造应力作用下,煤层比围岩更容易遭到破坏,极易破碎。

按照煤在构造作用下的破碎程度,可将构造煤分为以下 3 种类型:

① 碎裂煤:煤被密集的相互交叉的裂隙切割成碎块,这些碎块保持尖棱角状,相互之间没有大的移位,煤层在一些剪性裂隙表面被磨成细粉。

② 碎粒煤:煤已被破碎成粒状,由于运动过程中颗粒间相互摩擦,大部分颗粒被磨去了棱角,被重新压紧。其主要粒级在 1 mm 以上。

③ 糜棱煤:煤已被破碎成细粒状或细粉状,被重新压紧,其主要粒级在 1 mm 以下,有时煤粒磨得很细,只相当于岩石的粉砂级。由于这种煤经历了强烈形变和发生了塑性流动,因而肉眼和镜下常可看到流动构造,如长条状颗粒的定向排列等。

（一）构造煤的瓦斯地质参数特征

从构造煤的各项瓦斯地质参数测试结果可以看到,煤的坚固性系数(f 值)随着煤体破坏程度的增高而降低;煤的瓦斯放散指数与煤体破坏程度成正比变化,即随着煤体破坏程度的增高,瓦斯放散指数增大;煤体弹性波传播速度随煤体破坏程度的增高而减慢;煤层瓦斯含量亦有随煤体破坏程度增高而增大的趋势。

关于瓦斯含量,还应结合其他地质条件综合考虑。

上述构造煤的各种瓦斯地质参数的变化规律说明,同原生结构煤相比,构造煤具有坚固性系数小、瓦斯放散指数大、弹性波传播速度慢和瓦斯含量大等特点。这对认识构造煤之所以易于发生突出的原因提供了依据。

（二）煤结构破坏程度分类

煤结构和煤层结构概念不同。煤结构是指煤岩组分的形态、大小所表现的特征。煤层结构则是根据煤层中有无其他岩石夹层的存在，分为不含夹石层的简单结构和含夹石层的复杂结构。

一般认为，煤层结构越复杂，煤层的物理力学性质异向性亦越强，也越有利于发生突出。但是，煤层结构复杂时，软硬分层相间，煤层与夹石层常呈薄层出现。煤层含矸率高，煤的灰分增加，生成的瓦斯量相对减少，煤层的吸附瓦斯量减少，也不容易突出。

煤层分叉，也是属于煤层结构复杂的一种类型。在煤层分叉处，煤的受力状态与正常煤不同，应力在煤层分叉处受构造挤压会改变方向，导致应力集中，容易引起突出。

煤的结构与突出的关系主要表现在原生结构被破坏的构造结构上。

按照煤被破碎的程度划分的类型，在构造应力作用下，煤层发生碎裂和揉皱。我国将煤被破碎的程度分成以下 5 种类型：

① Ⅰ类型：原生结构煤。煤未遭受破坏，原生沉积结构、构造清晰。

② Ⅱ类型：煤遭受轻微破坏，呈碎块状，但条带结构和层理仍然可以识别。

③ Ⅲ类型：煤遭受破坏，呈碎块状，原生结构、构造和裂隙系统已不保存。

④ Ⅳ类型：煤遭受强破坏，呈粒状。

⑤ Ⅴ类型：煤被破碎成粉状。

Ⅲ、Ⅳ、Ⅴ类型的煤具有煤与瓦斯突出的危险性。

研究表明，随着煤体破坏程度增高，煤的孔隙率增大，在煤已卸压的情况下，Ⅴ类煤中孔隙容积较Ⅰ类煤大 10 倍。由于破坏程度高的煤中的裂隙宽度小，所以煤的破坏程度越高，其透气性也越小。实测表明，Ⅴ类煤的透气性系数仅为Ⅰ类煤的 1/20。

破坏程度高的煤孔隙率大，能保存更多的游离瓦斯（在巷道附近的卸压带）。这样，破坏程度高的煤透气率小，能保持更高的瓦斯压力，加上强度低、易粉碎并易释放瓦斯，所有这些都给煤与瓦斯突出提供了条件。

四、瓦斯含量及压力与突出的关系

1. 煤层瓦斯含量

煤层瓦斯含量是指单位质量或单位体积的煤中所含有的瓦斯量，以 m^3/m^3 或 m^3/t 为单位。煤层瓦斯包括游离和吸附两种状态，其中吸附状态的瓦斯占瓦斯含量的 80%～90%。

据现场统计证明，瓦斯含量大（一般吸附瓦斯量也大）的煤层，其突出危险程度也大。根据现场的实践表明，在突出矿井中煤与瓦斯突出只发生在具有较高瓦斯含量和瓦斯吸附量的煤层中。而在突出煤层中，煤和瓦斯突出只发生在具有较高瓦斯含量和瓦斯吸附量的软分层中，而后才波及其他分层之中。

2. 煤层瓦斯压力

煤层瓦斯压力是指煤空隙中所含游离瓦斯的气体压力，即气体作用于空气壁的压力。煤层瓦斯压力是决定煤层瓦斯含量的一个主要因素。当煤的吸附瓦斯能力相同时，煤层瓦斯压力越高，煤中所含瓦斯量也就越大。在煤与瓦斯突出发生、发展过程中，瓦斯压力起着重大的作用。

影响煤层瓦斯压力的因素有：

① 煤层深度。一般来说，在同一煤层中，瓦斯压力随煤层的深度增加而增加。

② 瓦斯排放条件。如煤层的透气性能，是否有地质构造，上覆层是否致密等因素。透气性差的煤层、封闭性断层以及有致密的顶板岩层，煤层中瓦斯压力大。

五、地应力对瓦斯突出的影响

大量研究表明:煤与瓦斯突出是地应力、瓦斯、煤的结构和物理力学性质综合作用的结果。

地应力是指巷道前方某点所受的各向应力总和,其中包括地层重力、由于采动引起的应力集中(采矿应力)和地壳运动在岩石内聚集的构造应力。

1. 地层重力

地层重力是指地层受到地球的吸引而产生的竖直向下的力。一般每百米厚的岩层使每平方米面积上增加 25 kg 的力。地层重力作用于瓦斯体,可使瓦斯压力增加,并起一定的封闭作用。

实例表明,突出频率和强度随着煤层深度的增加而增加,这与地层的重力有关。

2. 采矿应力

由采掘活动所产生的矿山压力形成采矿应力。采掘活动造成新的空间,其原来的煤岩体所承受的地层重力由平均分配改为由四周岩石承担,其压力比原来增加 2～3 倍,甚至 6 倍,这就改变了原来的地应力分布状态。原来岩石的应力平衡遭到破坏,导致采掘前方应力集中,从而对突出起着诱导作用。

据现场资料可知,掘进巷道突出后的瓦斯空洞往往分布在上隅角,巷道相向对掘时,突出的危险性更大。回采工作面的绝大多数突出是发生在落煤过程中,特别是在爆破的瞬间。显然采动引起的应力集中常随煤体震动而出现突出的可能性。

3. 构造应力

地质构造应力作用对于煤与瓦斯突出影响往往被认为是极为明显的。褶曲的轴部、转折端与断层的交会点、煤层产状骤然变化处,断层破碎带等常是突出点的密集地区,也是大型突出最易发生的地段。

第三节　煤与瓦斯突出预兆及防治措施

一、煤与瓦斯突出的预兆

绝大多数的煤与瓦斯突出在突出发生前都有预兆,没有预兆的突出是极少数的。突出的预兆可分为有声预兆和无声预兆。

1. 有声预兆

(1)响煤炮。由于各矿区、各采掘工作面的地质条件、采掘方法、瓦斯及煤质特征的不同,所以预兆声音的大小、间隔时间、在煤体深处发出的响声种类也不同。有的像炒豆似的噼噼啪啪声,有的像鞭炮声,有的像机关枪连射声,有的似跑车一样的闷雷、嘈杂、沙沙声、嗡嗡声以及气体穿过含水裂缝时的吱吱声等。

(2)其他声音预兆。发生突出前,因压力突然增大,支架会出现嘎嘎响、劈裂折断声,煤岩壁会开裂,打钻时会喷煤、喷瓦斯等。

2. 无声预兆

(1)煤层结构构造方面表现为:煤层层理紊乱,煤变软、变暗淡、无光泽,煤层干燥和煤尘增大,煤层受挤压褶曲变粉碎,厚度变大、倾角变陡。

(2)地压显现方面表现为:压力增大,使支架变形,煤壁外鼓、片帮、掉渣,顶、底板出现凸起台阶、断层、波状鼓起,手扶煤壁感到震动和冲击,炮眼变形装不进药,打眼时垮孔、顶夹钻等。

其他方面的预兆有:瓦斯涌出异常、忽大忽小,煤尘增大,空气气味异常、闷人,有时变热。

二、防治煤与瓦斯突出的综合措施

目前,突出矿井的防突措施普遍采用双"四位一体"的综合防突措施,即区域综合防突措施和局部综合防突措施。

(1)区域综合防突措施包括下列内容:

① 区域突出危险性预测；
② 区域防突措施；
③ 区域措施效果检验；
④ 区域验证。
（2）局部综合防突措施包括下列内容：
① 工作面突出危险性预测；
② 工作面防突措施；
③ 工作面措施效果检验；
④ 安全防护措施。

第五章 突出矿井防突工作原则及基本要求

第一节 煤矿防突工作原则

一、《防突规定》中规定的防突工作基本原则

1. 煤矿防突工作基本原则

《防突规定》在总则中提出了煤矿防突工作的基本原则。

防突工作必须坚持区域防突措施先行、局部防突措施补充的原则,这是《防突规定》的基本指导思想。对突出危险区,必须先实施区域防突措施,然后在必要时再采取局部防突措施。就是说,防突工作应立足于主要依靠区域防突措施来达到矿井的防突目标,而局部防突措施仅仅作为补充、辅助措施,即区域防突措施应该是首先实施,同时也应该作为主要措施。也就是说,今后一个矿井的防突工作的重心和主要的人力、财力、物力应该放在区域防突措施方面,应该从技术、装备、科研、检查、管理等各个方面加强区域防突工作。

另外,突出煤层的任何区域都必须经过"区域综合防突措施"的程序后方可准备出石门揭煤工作面、采掘工作面,或者是经过开拓后区域预测定为无突出危险区,或者是经过实施区域防突措施后定为无突出危险区,方能开启采掘工作面。

2. 区域防突工作指导思想

区域防突工作应当做到多措并举、可保必保、应抽尽抽、效果达标。这是区域防突的指导思想。多措并举,就是要尽可能地多

用几种区域预测的手段和方法及区域防突措施,以便使其互相印证、互相补充,以提高可靠性;可保必保,就是有开采保护层条件的都要开采保护层,因为它是最有效的防突措施;应抽尽抽,就是对可能进入采掘空间的、威胁矿井安全的瓦斯,都要尽最大可能实施抽采;效果达标,就是对任何的措施,都要有检查手段、有标准,效果检验必须达到要求。

3. 采掘作业时的防突工作原则

《防突规定》明确要求,突出矿井采掘工作必须做到不掘突出头、不采突出面。就是说对未按要求采取区域综合防突措施的,严禁进行采掘活动。这就是要树立一种信念和意识,无论在什么情况下,都不能以任何理由在掘进工作面还存在突出危险的情况下进行掘进,也不能以任何理由在采煤工作面还存在有突出危险的情况下进行采煤作业。

二、突出矿井和非突出矿井突出时的处置原则

1. 突出矿井发生突出时的处置原则

《防突规定》明确要求,突出矿井发生突出时必须立即停产,并立即分析、查找突出原因。如果突出矿井发生了突出,则说明防突技术或防突管理出了较严重的问题。如果这些问题得不到解决而继续生产将可能再次发生突出事故,造成不应有的损失。因此,应立即停止全矿的采掘生产作业,在强化实施综合防突措施、消除突出隐患后,方可恢复生产。

2. 非突出矿井发生突出时的处置原则

非突出矿井首次发生了突出的必须立即停产。非突出矿井首次发生了突出,则说明该矿井已升级为突出矿井。但由于原来没有按突出矿井管理,矿井生产系统、设备、制度等均不符合突出矿井的要求,也没有相应的机构、人员、技术措施等,说明该矿井不具备突出矿井安全生产的基本条件,必须立即停产。按《防突规定》的要求建立防突机构和管理制度,编制矿井防突设计,配备

安全装备,完善安全设施和安全生产系统,补充实施区域防突措施,达到要求后,方可恢复生产。

三、突出危险区和无突出危险区技术管理的基本原则

1. 突出危险区的技术管理

(1)突出煤层经开拓前区域预测为突出危险区的新水平、新采区开拓过程中的所有揭煤作业,必须采取区域综合防突措施并达到要求指标。

(2)经评估为有突出危险煤层的新建矿井建井期间,以及突出煤层经开拓前区域预测为突出危险区的新水平、新采区开拓过程中的所有揭煤作业,必须采取区域综合防突措施并达到要求指标。

(3)经开拓后区域预测为突出危险区的煤层,必须采取区域防突措施并进行区域措施效果检验。经效果检验仍为突出危险区的,必须继续进行或者补充实施区域防突措施。

(4)突出危险区的煤层不具备开采保护层条件的,必须采用预抽煤层瓦斯区域防突措施并进行区域措施效果检验。

2. 无突出危险区的技术管理

(1)经开拓前区域预测为无突出危险区的煤层进行新水平、新采区开拓、准备过程中的所有揭煤作业应当采取局部综合防突措施。

(2)经开拓后区域预测或者经区域措施效果检验后为无突出危险区的煤层进行揭煤和采掘作业时,必须采用工作面预测方法进行区域验证。

(3)当区域验证为无突出危险时,应当采取安全防护措施后进行采掘作业。但若为采掘工作面在该区域进行的首次区域验证时,采掘前还应保留足够的突出预测超前距。

只要有一次区域验证为有突出危险或超前钻孔等发现了突出预兆,则该区域以后的采掘作业均应当执行局部综合防突措施。

第二节　突出矿井的防突基本要求

一、矿井建设时期的防突基本要求

（1）有突出危险的新建矿井及突出矿井的新水平、新采区，必须编制防突专项设计。专项设计内容必须编制全面并符合要求，设计内容应当包括开拓方式、煤层开采顺序、采区巷道布置、采煤方法、通风系统、防突设施（设备）、区域综合防突措施和局部综合防突措施等。

（2）突出矿井的新水平、新采区移交生产前，必须经当地人民政府煤矿安全监管部门按管理权限组织防突专项验收；未通过验收的不得移交生产。这里所提的对新建突出矿井新水平、新采区移交前按管理权限进行验收，指的是按照谁监管谁验收的原则，由当地人民政府所属的煤矿安全监管部门进行验收。

（3）突出矿井必须建立满足防突工作要求的地面永久瓦斯抽采系统。

二、巷道布置的防突要求

突出矿井的巷道布置应当符合下列要求：

（1）运输和轨道大巷、主要风巷、采区上山和下山（盘区大巷）等主要巷道布置在岩层或非突出煤层中。

（2）减少井巷揭穿突出煤层的次数。

为减少揭煤次数，在突出矿井的采区已设计的主要轨道大巷、回风大巷均布置在岩层中条件下，可另外增加一条煤层回风巷作为减少揭煤次数的备用巷道，并且该巷道施工时必须根据区域预测结果，采取区域综合防突措施或局部综合防突措施掩护。同时，在无法避免要揭穿突出煤层或接近突出煤层时，也要尽可能减少揭穿或减少接近突出煤层的工作量，以减少防治突出的工作量。

（3）井巷揭穿突出煤层的地点应当合理避开地质构造破坏带。

煤与瓦斯突出多发生于地质构造地带，这是由于处于构造带的煤受到强烈的地质变化的作用后，结构遭到破坏，改变了煤层原有的储存与排放瓦斯条件。同时，由于结构变化、构造带附近存在着较高的构造应力，加之煤层自身强度降低，因而就造成有利于产生突出的一系列因素，所以在地质构造带附近施工时突出事故发生频率较高。

（4）突出煤层的巷道优先布置在被保护区域或其他卸压区域。

这样做既有利于安全，也可以提高生产效率。除保护范围外，其他的卸压区域还包括：突出煤层顶分层回采后的下分层对应范围；突出煤层上（下）区段回采后对应的下（上）区段约 10～15 m 斜长范围内；突出煤层始采线、采止线对应的实体段约 10 m 走向范围等。但这些卸压范围的大小因煤层的厚度、采高、倾角及周围开采情况会有较大的变化，尤其当处于应力集中区和构造应力集中区时，卸压区域还可能消失。因此，对是否存在这些卸压范围及其大小等，应通过考察确定，并充分考虑所在地点的各种条件。

三、地质测量工作的防突要求

突出矿井地质测量工作必须遵守下列规定：

（1）地质测量部门与防突机构、通风部门共同编制矿井瓦斯地质图，图中标明采掘进度、被保护范围、煤层赋存条件、地质构造、突出点的位置、突出强度、瓦斯基本参数及绝对瓦斯涌出量和相对瓦斯涌出量等资料，作为区域突出危险性预测和制定防突措施的依据。

（2）地质测量部门在采掘工作面距离未保护区边缘 50 m 前，

编制临近未保护区通知单,并报矿技术负责人审批后交有关采掘区(队)。该项规定为强制性规定,不因生产条件的不同和距离未保护区边缘的要求不同而改变。煤矿企业技术负责人或煤矿技术负责人,是指对本企业或本矿的技术管理负主要责任的人员,对于绝大多数煤矿企业或煤矿而言,即是总工程师。

(3)突出煤层顶、底板岩巷掘进时,地质测量部门提前进行预测工作。预测工作面前方构造或地应力集中区位置,并把预测结果报告给总工程师、分管通风副总工程师、分管地质的副总工程师,掌握施工动态和围岩变化情况,及时验证提供的地质资料,并定期通报给煤矿防突机构和采掘区(队)。这样,在施工过程中才能依据提前掌握的地质变化情况,及时制定并采取针对性防治措施,保证安全生产。遇有较大变化时,随时通报。

四、非突出煤层和高瓦斯矿井的开采煤层的防突要求

突出矿井开采的非突出煤层和高瓦斯矿井的开采煤层,突出危险指标没有达到突出煤层判定标准,但随着矿井向深部延伸,突出矿井开采的非突出煤层和高瓦斯矿井的开采煤层的瓦斯含量和瓦斯压力会有所上升。在延深达到或超过 50 m 或开拓新采区时,瓦斯压力最大会上升近 0.5 MPa,瓦斯压力指标变化较大,必须测定煤层瓦斯压力、瓦斯含量及其他与突出危险性相关的参数。这些参数包括软分层煤的破坏类型、煤的瓦斯放散初速度 Δp 和煤的坚固性系数 f 等指标。

注意观察煤层的动力现象。高瓦斯矿井各煤层和突出矿井的非突出煤层在新水平开拓工程的所有煤巷掘进过程中,应当密切观察突出预兆,并在开拓工程首次揭穿这些煤层时执行石门和立井、斜井揭煤工作面的局部综合防突措施。

这里不需要采取区域防突措施的原因是:一方面,高瓦斯煤层和突出矿井的非突出煤层,随采深增加在新水平、新采区施工时,即使转变为有突出危险的煤层,但突出危险程度相对较小,采取局部防突措施也能够满足安全揭煤的要求;另一方面,高瓦斯煤层和突出矿井非突出煤层的原有水平、采区均已经按要求测定过煤层瓦斯压力、瓦斯含量及其他与突出危险性相关的参数,并搜集了瓦斯基础资料,一旦发现有突出动力现象或者突出指标超过临界指标值,就要按照要求按突出煤层管理,然后进行突出危险性鉴定。

五、突出煤层采掘作业时的防突要求

(1) 不同的采煤法、不同的采掘作业方式对煤体内的地应力和瓦斯的重新分布有不同的影响,有的作业方式容易引起很大的应力集中,或给防突工作带来很大的困难等,对防突极为不利,应予禁止;反之,就应予提倡和鼓励。

突出煤层的采掘作业应当符合以下规定:

① 严禁采用水力采煤法、倒台阶采煤法及其他非正规采煤法。

这主要考虑这些采煤法一般适用于倾斜和急倾斜煤层。由于水力采煤法、倒台阶采煤法采煤过程对垮塌上方煤体没有支护,冲出或垮塌后的上方煤体应力向周边转移,应力活动剧烈,瓦斯压力梯度增加,当超过其极限值时,便会发生突出。而且倒台阶采煤法在工作面形成台阶,煤体自重应力朝向工作面,容易造成局部应力集中,也为突出创造了条件,所以为防止突出煤层采掘作业发生突出,突出煤层中严禁采用水力采煤法和倒台阶采煤法。

放顶煤采煤法存在有煤壁稳定性差、不可控,需要首先在突出厚煤层的底部分层掘进回采巷道等问题。因此,《煤矿安全规程》第一百八十三条规定,突出煤层中的突出危险区、突出威胁区严禁采用放顶煤采煤法。但由于《防突规定》严格要求了区域综合防突措施,只有无突出危险区方可实施采掘作业。

② 急倾斜煤层适合采用伪倾斜正台阶、掩护支架采煤法。急

倾斜突出煤层由于煤质松软,煤层倾角较大,受煤体自重影响,容易发生垮塌。垮塌后将导致煤层中应力活动剧烈,瓦斯压力梯度增加,当超过其极限值时,便会发生突出。伪倾斜正台阶、掩护支架采煤法中,每一个当前的台阶都是上一个采煤循环中的某个台阶采煤后形成的,也就是说上一个循环的采煤就相当于给现在的台阶开采了"保护层",具有卸压作用。同时,煤体的自重应力是朝向工作面煤壁内部,有利于避免或减少突出的发生。

③ 急倾斜煤层掘进上山时,采用双上山或伪倾斜上山等掘进方式,并加强支护。

急倾斜突出煤层一般不宜采用上山掘进。这是因为,在急倾斜煤层中掘进上山时,受煤体自重影响,容易发生由冒顶而诱发突出。一旦发生冒顶或突出,煤块顺上山而下,极易将上山下部出口堵塞,也会破坏通风设施,使瓦斯迅速积聚。若工作人员不能迅速撤离现场,极易被冒落或突出的煤块埋没、砸伤或窒息而死亡。

当确需上山掘进时,采用双上山掘进,增加了突出煤层掘进上山安全出口,一旦发现突出或冒顶预兆时工作人员就能迅速撤离工作面,这也是在掘进急倾斜煤层上山没有其他更好的防治突出措施之前较合理的选择。

急倾斜突出煤层上山采用伪倾斜上山掘进,能够降低煤体自重对突出或冒顶的影响,同时有利于工作人员撤离。

急倾斜突出煤层掘进上山时,要特别加强支护。在实际工作中,由于是急倾斜煤层伪倾斜上山掘进,其采用的伪倾斜角度不可能小于或等于煤的自然安息角,当发生冒顶、片帮或突出事故时,人员撤退的速度往往没有冒顶、片帮或突出时倾出煤块滚动的速度快,而且急倾斜煤层若支护不好容易发生冒顶堵塞后路。因此,为了防止冒顶、片帮,在急倾斜突出煤层掘进上山时,要特别强调加强支护。

④ 掘进工作面与煤层巷道交叉贯通前,被贯通的煤层巷道必须超过贯通位置,其超前距不得小于 5 m,并且贯通点周围 10 m 内的巷道应加强支护。在掘进工作面与被贯通巷道距离小于 60 m 的作业期间,被贯通巷道内不得安排作业,并保持正常通风,且在爆破时不得有人。

⑤ 采煤工作面尽可能采用刨煤机或浅截深采煤机采煤,这样可以防止切割煤时发生突出。采用刨煤机或浅截深采煤机采煤时,由于截深浅,引发煤层应力的变化速率和强度都较低,应力重新恢复平衡所需的时间周期也短,每次切割煤层时基本上都是在卸压带中工作。因此,为了防止切割煤时发生突出,采煤工作面尽可能采用刨煤机或浅截深采煤机采煤。

⑥ 煤、半煤岩炮掘和炮采工作面,使用安全等级不低于三级的煤矿许用含水炸药(二氧化碳突出煤层除外)。使用我国三级煤矿许用含水炸药,能够确保满足安全生产的要求。安全等级不低于三级的煤矿许用含水炸药在煤层中爆炸后产生的高温热源在爆落煤体中瓦斯大量涌出前会很快消除,不会点燃短时间涌出的瓦斯。

(2) 突出煤层的任何区域的任何工作面进行揭煤和采掘作业前,必须采取安全防护措施。通常的安全防护措施主要是针对突出煤层的采掘工作面及其附近一定范围,而井下人员流动性大,突出矿井的入井人员必须随身携带隔离式自救器。

(3) 所有突出煤层外的掘进巷道(包括钻场等)距离突出煤层的最小法向距离小于 10 m 时(在地质构造破坏带为小于 20 m 时),必须边探边掘,确保最小法向距离不小于 5 m。

在突出煤层的顶板或底板中掘进任何巷道,都应保留一定距离的安全岩柱,以防止突出煤层突破岩柱而威胁巷道的作业安全。这里所说的掘进巷道,既包括石门,也包括突出煤层顶板或底板中的岩石巷道、钻场等,还包括与突出煤层相距小于 10 m 的其他非突出或突出煤层中掘进的巷道。

（4）在同一突出煤层正在采掘的工作面应力集中范围内，不得安排其他工作面进行回采或者掘进。具体范围由矿技术负责人确定，但不得小于 30 m。在具体的实施过程中，由矿技术负责人结合科研部门提出的具体应力集中影响范围，确定同一突出煤层正在采掘的工作面多少米范围内为应力集中范围，在此区域内不得安排其他工作面回采或掘进。

突出煤层的掘进工作面应当避开邻近煤层采煤工作面的应力集中范围。

在突出煤层的煤巷中安装、更换、维修或回收支架时，必须采取预防煤体垮落而引起突出的措施。在更换、推移和回收支架时，支架失去支撑作用，其上方的煤体在已被压碎的情况下，极易冒落，特别是突出煤层，本身的强度就不大，更容易冒落，而煤体的冒落极易诱发突出。为了避免支架上方煤体垮塌，特别是避免因垮塌诱发突出，在突出煤层煤巷中从事安装、更换、维修或回收支架时，必须采取先架设好新支架再更换老支架等预防煤体垮落而引起突出的措施。

六、通风系统的防突要求

突出矿井的通风系统应当符合下列要求：

（1）井巷揭穿突出煤层前必须具备独立、可靠的通风系统。为顺利将突出时的煤（岩）、瓦斯引入回风系统，避免突出时的煤（岩）、瓦斯波及其他区域，避免突出时的瓦斯向进风系统逆流、扩大突出影响范围，甚至造成更多人员伤亡，要求在揭煤前井巷工作面必须具备独立、可靠的通风系统。

（2）突出矿井、有突出煤层的采区、突出煤层工作面都有独立的回风系统。采区回风巷必须是专用回风巷。为了避免突出的瓦斯流经有电气设备、人员作业及其他可能产生火源的区域，要求突出煤层所在采区的所有回风巷必须是专用回风巷。

（3）在突出煤层中，严禁任何两个采掘工作面之间串联通风。

（4）煤（岩）与瓦斯突出煤层采区回风巷及总回风巷安设高低浓度甲烷传感器。

（5）突出煤层采掘工作面回风侧不得设置调节风量的设施。易自燃煤层的采煤工作面确需设置调节设施的，须经煤矿企业技术负责人批准。

（6）严禁在井下安设辅助通风机。

（7）突出煤层掘进工作面的通风方式采用压入式。

七、电气设备和电气作业的防突要求

煤（岩）与瓦斯突出矿井中严禁使用架线式电机车。由于突出矿井发生较大的煤与瓦斯突出时，巨大的突出瓦斯流可能使正常的通风风流发生逆转而产生逆流，使原来处于新鲜风流的进风巷道也可能逆流充满瓦斯。而架线式电机车在运行中一直都在产生电火花，一旦遇到这样的突出事故，瓦斯爆炸将不可避免，进而使灾害进一步扩大，这是非常危险的。因此要求在煤（岩）与瓦斯突出矿井中严禁使用架线式电机车，但如果属于二氧化碳突出矿井，则不必禁止。

煤（岩）与瓦斯突出矿井井下进行电焊、气焊和喷灯焊接时，必须停止突出煤层的掘进、回采、钻孔、支护以及其他所有扰动突出煤层的作业。如果遇到突出事故，则矿井的任何位置都可能充满瓦斯气体，也是非常危险的。如果必须进行这类作业时，则必须确保不发生任何突出事故，即应停止可能诱发突出事故的掘进、回采、钻孔、支护以及其他所有扰动突出煤层的作业。

第六章　瓦斯防突工初级工技能要求

第一节　甲烷及二氧化碳浓度检测

防突工作面对瓦斯及二氧化碳浓度的检测一般由专职瓦检员进行,但在现场工作的防突人员对瓦斯状况要时刻关注,特别在防突打钻时,瓦斯经常会出现异常情况,要引起足够重视。

一、瓦斯浓度检测

煤矿井下监测瓦斯浓度的方法很多,有光学瓦斯检测器、便携式瓦斯检测仪、瓦斯探头等,都可对瓦斯浓度进行检测。

(一)光学瓦斯检测器检测

用光学瓦斯检测器检测瓦斯浓度由专职瓦斯检查工进行。

1. 使用前的准备

瓦斯观测人员在交牌领取光学瓦斯检测器时,必须对仪器进行全面检查,仪器的测量范围为 $0\sim100\%$。

(1)外观检查:外观完好,结构完整,附件齐全,连接可靠。

(2)药品检查:药品充足不失效,氯化钙不稀糊、不凝固,苏打石灰粉未褪色。粒子不圆滑,药品颗粒大小以 $3\sim5$ mm 为宜。

(3)气密性检查:用一手堵住仪器进气口,另一手压气球再松开后,1 min 内不鼓起还原即为不漏气。

(4)电路检查:电门按钮应灵活。按下电钮通过目镜观察亮度,应稳定不失明。

(5)光路检查:按下电钮看干涉条纹及分划刻度是否明亮、清晰,无变形,调整目镜达到清晰。

(6)精度检查:将第一条黑色条纹对准分划板零位刻度后,看第五条彩纹(红色)是否与70%正对,若正对则说明仪器精度符合。

2.检测

(1)取气样:用高负压取样器从钻孔或管道中抽取气样,或直接在钻场高度的三分之二以上处收集气体(根据具体情况也可在离顶板不远处收集)。

(2)测定瓦斯浓度:

① 调零:在待测点附近新鲜空气中,捏放气球数次,然后检查微读数盘的零位刻度与指标线是否重合,选定的黑基线与分划板的零位是否重合。若有移动,则按"对零"操作方法进行调整,使光谱处在零位状态。

② 测定:捏放气球5～10次,将气样吸入瓦斯室。

③ 读数:按电门,观察条纹移动情况,先读出黑基准线位移靠近的某整数值,再转动微调螺旋,使其退到和该整数刻度相重合的位置,从微读数盘上读出个位数值,十位数与个位数相加,再进行校正,测定出实际瓦斯浓度值。

(二)便携式瓦斯检测仪检测

便携式瓦斯检测仪可随身携带,一般检测范围在0～4%。使用时应注意以下几点:

(1)领取仪器检查内容:

① 电量是否充足,打开仪器开关,看液晶屏上有无欠压指示。

② 检查仪器精确度,看数码显示是否在零位或在允许误差范围内。

③ 仪器外壳是否有破裂,手提袋是否牢固可靠,后盖四周是否严密,螺丝有无短缺或松动,其他零部件是否齐全。

(2)便携式瓦斯检测仪在每次使用前必须充电,按住自检键,观察其电压必须在 3.6 V 以上才能保证可靠工作。

（3）使用前先在清洁空气中打开电源，预热 15 min，观察指示窗是否为零，如有偏差，则需调整电位器使其归零。

（4）测量时，用手将仪器的传感器部位举至或悬挂在测量处，经十几秒钟的自然扩散，即可读取瓦斯浓度的数值，也可由工作人员随身携带，在瓦斯超限发出声、光报警时，重点监视环境瓦斯，或采取相应措施。

（5）仪器有点式测试，也有连续检测。无论哪种仪器，在井下一经发现仪器欠压，应立即关闭开关，停止使用，上井后如实将情况报告维修人员，以便及时处理。

（6）在检测过程中应注意顶板支护及两帮情况，防止伤人事故的发生。

（7）当瓦斯浓度或氧气浓度超过规定限度应迅速退出，并及时处理或汇报。

（8）便携式瓦斯检测仪的最大测量值为 $5.00\%CH_4$，当瓦斯浓度超过这一浓度时，其显示窗也显示为 5，此时应停止使用仪器，否则将会影响仪器的测量精度及热催化元件的使用寿命。

（三）探头悬挂式不间断检测

1. 探头看管、使用注意事项

（1）探头不能悬挂于有淋水的地点和积水上方。

（2）在采用湿式打眼的时候，在风钻的水雾附近不可悬挂探头。

（3）探头不可悬挂于防尘喷雾的下风侧，在喷雾或洒水时，要避开探头。

（4）探头的悬挂要稳固、牢靠。

（5）在挪移探头时要轻拿轻放，避免强拉硬拽或磕碰。

（6）探头要悬挂于顶板完好处，其周边不可有危岩活矸。

2. 通讯线缆悬挂、布设注意事项

（1）探头通讯线缆吊挂高度不低于 1 m，不要与扒矸机钢丝绳有接触。

（2）吊挂探头通讯线缆时，避免使用铁丝直接捆扎。

（3）在挪移、扯拉探头通讯线缆过程中，不可用力过猛，避免线缆受损。

3. 防止接线盒与接头故障措施

（1）接线盒吊挂位置要避开淋水和顶帮破碎地点，防止淋水和掉矸损坏。

（2）接线盒线缆连接处易被拉出，在拉扯过程中不要用力过大。

（3）在探头连接的插头处容易松动，在挪移探头过程中不要触碰连接探头与接线盒的细线缆。

4. 防止电磁干扰与气体影响造成误报警的措施

（1）探头、分站、交换机的周围不能有对仪表工作有影响的强电磁场（如大功率电机、变压器），安装在机电所前方的探头不要过于靠近机电设备。

（2）防止有毒有害气体的影响，以免造成误报警，不可对着探头喷漆。

5. 瓦斯探头超限报警的处理

（1）如果瓦斯探头超限发出警报，现场人员（一般由瓦斯检查员）立即检查原因，并排放瓦斯使瓦斯探头能进行正常工作，并报调度瓦斯监控值班室说明原因。

（2）如果瓦斯探头超限发出警报，经瓦斯检查员检查发现确实不是瓦斯超限的原因，瓦斯检查员要立即找监测工进行更换探头，并报调度瓦斯监控值班室说明原因。

（3）调度瓦斯监控室发现某地点有超限报警情况，或发现某一个探头数据传不到电脑上时，要立即打电话到该工作面停止工作，撤出人员，同时还要通知监测工。监测工接到电话后要立即到指定地点进行检查，排除故障或更换探头，处理完毕后要向调度瓦斯监控值班室说明原因,以备记录在案。

(4)每班瓦斯检查员检查瓦斯时,每次都要对各地点的瓦斯探头进行实地检查对比,当发现瓦检器和探头数据误差超过允许值时,首先要以数据较大的为依据进行处理,然后再进一步检查校对。

(5)瓦斯探头由通风队监测班人员负责每 7 d 校检一次,监测工要对到期的探头进行及时更换,不准使用过期的瓦斯探头。

二、二氧化碳浓度检测

防突工作面一般不会出现二氧化碳气体超限问题,但如果煤岩层中储存这种气体,或者煤层自燃,或者打钻时高温氧化也会有二氧化碳气体产生,对安全生产产生危害。

对二氧化碳的检测与检测瓦斯的方法大体一致,具体检测方法不再赘述,但用光学瓦斯检测器检测二氧化碳浓度时主要注意下列两点:

(1)用光学瓦斯检测器检测二氧化碳浓度时,收集气样与瓦斯不同。用高负压取样器从钻孔或管道中抽取气样,或直接在钻场高度的三分之一以下处收集气体(根据具体情况也可在离底板不远处收集)。

(2)用光学瓦斯检测器检测二氧化碳浓度时,要首先检测瓦斯浓度,然后去掉二氧化碳吸收管,再测出瓦斯与二氧化碳的混合浓度,后者减去前者,再乘以 0.955 即可。

第二节　钻孔作业

预测煤层是否有突出危险性需要打钻孔进行突出参数的测量;不管是区域防突还是局部防突常常需要打钻孔进行瓦斯抽采;防突措施是否有效,需要打钻孔进行校检;安全防护措施中远距离爆破需要打钻孔来完成。可以说,不管是区域综合防突或工作面综合防突都需要钻孔来实现。但不同的钻孔其深度、孔径、偏角、倾角甚至钻孔布设的位置及要求不同,要按照钻孔设计进行。

一、钻孔方向的标定

标定钻孔的方向又称挂线。钻孔挂线就是在钻场将钻孔的方向按照一定方法用细线延展开来,打钻时钻杆沿细线延展的方向进行打钻。这样做虽然精确,但在施工中会影响工作面工作和施工速度。所以现在对钻孔方向的标定都简化处理。钻孔方向的标定分为成排钻孔的标定和单个钻孔的标定两类。

（一）标定钻孔的理论根据

标定钻孔方向主要是确定钻孔的倾角和偏角。钻孔的倾角就是钻孔与在水平面投影之间的夹角。钻孔的偏角一般是指钻孔与巷道中线（或基准线）在水平面投影之间的夹角。

下面用立体图（图 6-1）来说明钻孔挂线的方法（假设钻孔都在平面 $G_1 G_2 H_2 H_1$ 上）。

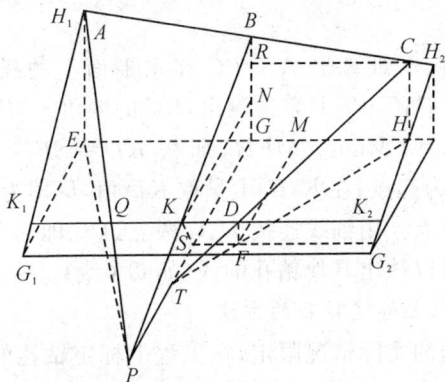

图 6-1　钻孔方向标定原理图

1. 标定开孔位置

开孔位置一般在钻场顶板或在巷道端头面上标定。在顶板上可以根据开孔线的方位角来画线标定。在端头面上标定时,先从钻孔设计中查出一排钻孔中任意两个开孔口与顶(底)板的竖直距离,并用垂线量出这个距离,拉上线(如图中 H_1H_2),则所有开孔位置都在这一条线上。延设中线与端头面上 H_1H_2 线相交,交点取 B 点。

从设计中查出每个开孔位与 B 点的距离,在 H_1H_2 线上标记这些点,并将这些点标定在正头端面上(如图中 A、B、C 等)。这样即标定好开孔位置。

2. 确定挂线绳位置

在距离钻孔开孔连线(H_1H_2 线)位置后退一定水平距离,在巷道基准线(如中线 P 点)竖直打一笔直细钢筋,使钢筋位于中线所在的竖直面上,从 B 点引一条细线(拉直),并与钢筋相切,调节细线在细钢筋上的位置,使 PB 倾角与中线钻孔倾角一致。在 PB 上找一点 K,并做标记(为了施工方便,并减少误差,K 与 B 的水平距离 KN 要长一点),过 K 拉一水平线 K_1K_2,并与 PB 垂直。K_1K_2 即是挂线绳的位置。

3. 挂线

在设计时,不难算出 AB、BC 在水平面上的投影距离 EG、GH、KN、SG、FM 相等并容易测出,DC 的偏角 $\angle MFH$ 在设计时已知,则 $MH = FM\tan\angle MFH$,那么 $KD = SF = GM = GH - MH$,以 K 点为起点,在 K_1K_2 上量取 KD 值,D 即为要标定的 TC 钻孔上的一个点。用细线连接 D、C 两点,DC 即为 TC 钻孔要挂的线。同理可以挂出其他钻孔的线(如 QA 线)。

(二)工程上标定钻孔的方法

由于现场的实际情况限定,在工程上标定钻孔的方法与以上所述相比要简单一些,但计算方法与以上相同,在误差允许范围内可以满足需要。

1. 标定开孔位置(图 6-2)

(1)在钻场顶板上标定开孔位置

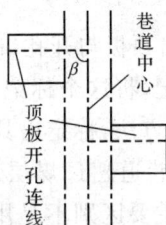

图 6-2　顶板开孔线方位角标定(俯视图)

顶板上开孔位置连线一般为一条直线,标定步骤如下:

① 根据防突钻孔的设计,查出钻场开孔连线的方位角和进入钻场的巷道的方位角,计算出两个方位角之间的夹角 β。

② 由技术人员根据夹角用经纬仪或地质罗盘照出开孔连线方向。

③ 根据钻场长度等实际情况至少在两处吊挂垂球,吊挂时移动吊线位置,当自然下垂停止摆动时,使吊线正好在经纬仪或地质罗盘照线方向上。

④ 在顶板上固定吊线,即确定一吊线位置。用同样方法挂出另外的吊线来。

⑤ 从钻孔设计中查出钻孔与基准线(如巷道中线)的水平距离。以基准线作为起点,在吊线连线方向上水平量出这一距离,确定出终点位置。竖直向上在顶板上标定出这一位置,即为钻孔在顶板上的开孔位置。

(2) 在端头面(或煤壁)上标定开孔位置

对特厚煤(岩)层,钻场或巷道都在煤(岩)层中时,标定开孔位置步骤如下:

① 从钻孔设计中查出每个钻孔与基准线的水平距离。在端头面上以基准线作为起点,在垂直基准线的水平方向上量取钻孔与基准线的水平距离,确定出终点位置,在端头面上做标记。

② 用细线从钻场或巷道顶板上吊挂垂球,使其自然下垂,移

动细线,使细线通过标记。

③ 从钻孔设计中查出顶板与开孔口的竖直距离,在垂球细线上量出这个距离,并做标记,将这个标记点标定在端头面上,这样就标定出开孔位置。同样方法,标定出其他开孔点位置。

对较薄煤层,钻场或巷道超过煤层顶底板范围,标定开孔位置与特厚煤层基本相同,主要区别不是用细线从钻场或巷道顶板上竖直吊挂垂球,而是用细线从煤层顶板上吊挂来确定开孔位置。

2. 确定钻杆方向(图 6-3)

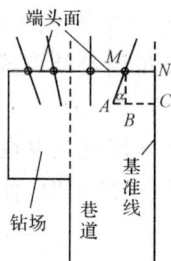

图 6-3　钻杆方向标定(俯视图)

① 根据钻场实际情况,从开孔位置向后移动一适当距离 NC（一般水平距离为 1.5 m）。

② 从钻孔设计中查出钻孔与基准线在水平面投影间夹角 α,这个角就是钻孔与基准线在水平面上的偏角。

③ 根据三角函数计算出水平偏移距离 AB,算出 AC 距离。

④ 以基准线为起点,以 AC 距离为长,沿 CA 方向在水平面上量取 $CA=AC$,标记 A 点位置。

⑤ 移动吊挂垂球的细线,当自然下垂通过 A 点时,将细线固定在顶板上。

⑥ 将钻机移动到 A 点后方,调整钻机和钻杆位置,使钻杆与M、A 两处的垂线相切(钻杆在两吊线的同一侧)。

⑦ 调整钻杆在竖直平面的角度,使其与钻孔设计的倾角一致,这样钻杆方向即确定了。

⑧ 调整钻机高低,使钻杆钻头与煤壁上标定的开孔位置重合。

二、钻机操作人员的安全注意事项

(1) 操作人员所着衣物应合身并束紧,以免缠上钻机的运动部件而对肢体造成损伤。

(2) 液压系统中溢流阀和功能阀组出厂时均已调定,不能随意调整压力。如确需重新调定,必须由专业技术人员或经过专业培训的技术工人严格按照说明书要求调定钻机工作压力。

(3) 钻机工作时,钻机锚固必须牢固,防止倒下伤人。

(4) 启动钻机前,操作人员应通知所有人员注意安全,仔细检查电路电缆,检验漏电保护装置状态,检查钻机锚固是否牢固,只有在确认人员和设备都安全后,方可启动钻机运转。

(5) 禁止在安装第一根钻杆和钻头时使用联动功能。

(6) 禁止在大倾角钻孔时使用联动功能。

(7) 在大倾角钻孔时只能使用前置水辫。

(8) 调定转速时,应停止旋转和推进。

(9) 钻机在钻孔过程中,当钻杆之间采用螺纹连接时,动力头严禁反转,只有在加接或拆卸钻杆时,夹持器夹住钻杆后才可反转。当钻杆之间采用四方扣传递转矩,并用 U 形销连接时,在卡钻、抱钻时动力头才可反转。

(10) 钻机钻孔过程中加接钻杆时,夹持器必须夹紧钻杆,防止钻杆从孔中滑落伤人。

(11) 钻机钻孔过程中,钻机前方严禁站人,操作人员站在钻机的侧面,严禁操作人员正对钻杆操作。

(12) 钻机钻孔过程中,操作人员观察钻机外露运动部件时,应注意安全。

（13）钻机配置的电动机应使用 YBK 型防爆电机；钻机配套电机、液压胶管、矿用单体液压支柱应有安全标志，且安全标志在有效期内。

（14）不允许在井下拆卸电动机或带有防爆标志牌的部件，不允许在井下拆开或检修液压马达、液压泵或多路换向阀等高精度液压元件。

（15）钻机液压系统不得在泄漏状态下运转，当液压油有泄漏时，应及时掩埋。

（16）停机不用时应切断电源。

三、防突钻孔监钻与验收

（一）地面准备工作

（1）熟悉、掌握钻孔控制范围内的地质情况（煤层走向、倾角、厚度、顶底板岩性、标志层层位及岩性）。

（2）学习、熟悉钻孔布置方式及参数（夹角、倾角、孔深、终孔层位）。

（3）了解钻孔施工过程中瓦斯涌出情况。

（4）备齐完好的量具（坡度规、地质罗盘、放线绳、锤球 2 个、钢卷尺、高浓度光学瓦斯检测仪及 1.5 m 长的取样软管、测杆）和钻孔设计参数表、记录本、签字笔、红油漆、验孔杆（连接长度1.5 m/根）。

（二）井下准备工作

（1）在支护完好可靠、整洁的地点摆放好量具和记录本。

（2）检查钻孔布置方式是否符合设计要求。

（3）检查基准线是否齐全、清晰。高程基准线（腰线）长度应控制到所有施钻地点，不留死角。方向基准线应按钻孔设计分组编号布置，每组布置 2 个基准点，基准点高度不得大于 1.5 m。高程基准线和方向基准线的基准点可合并布置。

（4）检查钻孔是否挂牌，编号是否与设计相符。

（三）验孔步骤

1. 瓦斯检测

将 1.5 m 长的取样软管绑在测杆上，采用高浓度光学瓦斯检测仪逐孔检查每个钻孔孔口内 1.5 m 深处的瓦斯浓度，对浓度低于 5.0% 的钻孔进行圆形红色标记，并做好记录。

2. 开口坐标测量

对照设计和现场基准线，采用钢卷尺、锤球、放线绳分组测量各钻孔的开口坐标，并做好记录。对开口坐标误差大于 500 mm 的钻孔进行正三角形红色标记，且不进入下步验收程序。

3. 倾角测量

连接 4 根验孔杆插入钻孔内，上下、左右摆动至与钻孔轨迹一致。采用地质罗盘测量钻孔倾角，并做好记录。对倾角误差大于 2° 的钻孔进行倒三角形红色标记，且不进入下步验收程序。

4. 夹角测量

连接 4 根验孔杆插入钻孔内，上下、左右摆动至与钻孔轨迹一致。将放线绳拉在方向基准点上（必要时可采用钢卷尺测量、平移基准线），采用锤球作钻孔轨迹的水平投影，用坡度规测量钻孔夹角，并换算成设计基准的夹角，做好记录。对夹角误差大于 2° 的钻孔进行"X"形红色标记，且不进入下步验收程序。

5. 孔深测量

（1）对孔内瓦斯浓度低于 5.0% 的钻孔采用钻机测量钻孔深度。验收人员现场监督进钻，采集煤层顶板岩石钻屑进行查验，确认无误后，加大水量冲洗孔内钻屑至返清水时，方可边撤钻杆边清点数量，并换算成钻孔深度。

（2）对孔内瓦斯浓度不小于 5.0%，且经过第 2、3、4 步验收程序均合格的钻孔，采用验孔杆、钢卷尺测量钻孔深度，并做记录。对插入验孔杆时阻力大或孔深明显异常的钻孔，做好红色点标记，并在验孔人员监督下采用钻机送钻至煤层顶板。采集到煤层顶板岩石钻屑并确认无误后,加大水量冲洗孔内钻屑至返清水时,方可边撤钻杆边清点数量,并换算成钻孔深度。

(四)打钻过程中异常情况记录

打钻时应随时记录打钻中出现的顶钻、夹钻、喷孔、气体异常涌出、空气气味及温度变化异常等情况。

(五)资料整理

(1)验收资料现场必须及时记录。验收完毕后,参与验收的人员必须现场签字确认。

(2)每次验收孔数不得大于 20 个。

(3)验收人员出井后,立即将原始验收记录交防突部门,并在 4 h 内作完钻孔竣工图交防突负责人。

(4)防突负责人审核后,如发现有空白区域(钻孔间距大于抽排放半径),立即组织设计补孔,并交打钻工进行施工。

(5)钻场所有钻孔施工完毕后,由防突负责人汇总原始验收记录,并与其他资料一起编排顺序目录,装订好后交档案室存档备查。

(六)填写钻孔验收表(表 6-1)

表 6-1　　　　　　　　钻孔验收表

验收人员:

工程名称				
施工单位		填报日期		
钻场位置		钻孔编号		
钻孔角度	方位:	孔深/m	设计:	
	倾角:		实际:	
开工日期		竣工日期		
开孔直径/mm		终孔直径/mm		
套管长度/m		终孔层位		

续表 6-1

涌水量/(m³/h)		水压/MPa	
施工情况记录			
验收意见			
主管部门意见			
主管领导意见			

四、常用钻机简介

目前,生产防突、探水钻机的厂家很多,在此,简单介绍几款钻机。在使用中,若遇到不同厂家的钻机,一定按照厂家提供的说明书上的要求来操作维护。

（一）ZYW-2000 型煤矿用全液压钻机

1. 用途及使用范围

本钻机主要用于煤矿井下钻进瓦斯抽（排）放孔、注浆灭火孔、煤层注水孔、防突卸压孔、地质勘探孔及其他工程孔。适用于岩石坚固性系数 $f \leqslant 10$ 的各种煤层、岩层。要求巷道或钻场断面大于 6.5 m^2,高度大于 2.5 m,宽度大于 2.8 m。

2. 主要结构和工作原理

钻机整体结构主要由泵站、操纵台、动力头、机架、底架、夹持器、立柱和钻具等 8 大部分组成。

3. 钻机型号及主要技术参数

（1）型号含义

Z—钻机,Y—液压,W—无级调速,2000—额定输出转矩,N·m。

（2）主要要技术参数

① 主机

最大钻进深度(m)—300;钻孔倾角(°)——90～+90;开孔直径(mm)—94、113、133;终孔直径（mm)—94、113;钻杆直径

(mm)—63。

② 回转机构

输出转矩(N・m)—500~2 000;输出转速(r/min)—65~260。

③ 给进机构

钻孔倾角(°)——90~+90;正常推进速度(m/min)—0~1.5;给进行程(mm)—850;给进力(kN)—100;起拔力(kN)—120。

④ 泵站

额定功率(kW)—37;额定转速(r/min)—1 480。

(二)ZQJ-150/1.9型气动架柱式钻机

1. 用途及使用范围

ZQJ-150/1.9型气动架柱式钻机主要用于具有煤与瓦斯突出和爆炸危险性的煤矿,也可用于一般煤矿钻进瓦斯抽(排)放孔、煤层注水孔、灭火注浆孔及其他工程孔。使用于岩石坚固性系数 $f<6$ 的各种煤层、岩层。要求巷道或钻场断面大于 2.7 m^2,高度大于 1.8 m,宽度大于 1.5 m。

2. 主要结构

钻机整体结构主要由旋转部、推进部、机架、机头、立柱、分风器、钻具等组成,该钻机以压缩空气为动力,要求供气量大于6 m/min,供气压力 0.4~0.6 MPa。压缩空气经分风器分为3路,即旋转气路、进给气路、排渣气路(可采用压缩空气排渣,也可采用水排渣)。

3. 钻机型号及主要技术参数

(1)型号含义

ZQ—气动回转钻机,J—架柱式,150—工作气压为 0.5 MPa下的额定转矩(N・m),1.9—最大输出功率(kW)。

(2)主要技术参数

① 主机

钻孔深度(m)—100;钻孔直径(mm)—65、90;钻杆直径(mm)—42、80。

② 回转机构

最大输出转矩(N·m)—280;输出转速(r/min)—120。

③ 给进机构

钻孔倾角(°)—0～90;空载推进速度(mm/min)—800;给进行程(mm)—1 100;给进力(kN)—6。

(三) ZYWL-2000 型煤矿用履带式全液压钻机

1. 用途及适用范围

本钻机主要用于煤矿井下钻进瓦斯抽(排)放孔、注浆防灭火孔、煤层注水孔、防突卸压孔、地质勘探孔及其他工程孔施工,适用于岩石坚固性系数 $f \leqslant 10$ 的各种煤层、岩层。钻机可独立行走,原地转弯,要求巷道或钻场断面大于 10.5 m^2,高度大于 3 m,宽度大于 3.5 m。

2. 钻机型号及主要技术参数

(1) 型号含义

Z—钻机,Y—液压,W—无级调速,L—履带式,2000—额定输出转矩(N·m)。

(2) 主要技术参数

① 主机

最大钻进深度(m)—300;钻孔倾角(°)——90～+90;开孔直径(mm)—94、113、133;终孔直径(mm)—94、113;钻杆直径(mm)—63、螺旋 60/100。

② 旋转机构

额定输出转速(r/min)—60～260;额定输出转矩(N·m)—2 000～500。

③ 给进机构

最大给进力(kN)—110;最大起拔力(kN)—120;正常给进速

度(m/min)—0～1.5;给进行程(mm)—850。

④ 履带车

行走速度（m/min）—15；爬坡能力（°）—20；履带板宽度（mm）—300；额定功率(kW)—37。

（四）ZDY3200S(MKD-5S)型煤矿用全液压坑道钻机

1. 适用范围

ZDY3200S型钻机是动力头式全液压钻机,转速范围宽、扭矩大,能满足煤矿井下钻进各种用途的钻孔,如抽放瓦斯孔、注水孔及其他工程用孔,也可用于地表工程施工。它主要用于大口径牙轮钻进,也适用于大口径硬质合金钻进和冲击回转钻进。

2. 钻机型号及主要技术参数

（1）型号含义

Z—钻机,D—动力头式,Y—液压,3200—最大额度转矩(N·m),S—双泵系统。

（2）主要技术参数

① 回转装置

额定转矩(N·m)—3 200;额定转速(r/min)—220;钻杆直径(mm)—73。

② 给进装置

主轴倾角(°)—0～±90°;最大给进力(kN)—112;给进速度(m/s)—0～0.22;最大起拔力(kN)—77;给进/起拔行程(mm)—600。

③ 泵站

额定功率(kW)—37;额定电压(V)—380/660;额定转速(r/min)—1 480;额定压力(MPa)—35。

④ 整机

适用钻孔深度(m)—350/100;终孔直径(mm)—150/200。

（五）KHYD75-ZJ 煤矿用钻架支撑岩石电钻

1. 用途及使用范围

KHYD75-ZJ 煤矿用钻架支撑岩石电钻主要用于煤矿采掘工作面钻进防突措施孔、爆破落煤孔,也可用在小断面巷道钻进探水孔。它适用于岩石坚固性系数 $f<7$ 的煤、岩层,要求巷道宽度大于 1 m,高度大于 1.6 m。

2. 结构特征

电钻主要由电动机、减速箱、机架、立柱框架和钻具等 5 部分组成。减速箱和电动机连成一体称为主机。

3. 主要技术参数

(1) 型号含义

K—矿用钻机,H—回转钻,YD—岩石电钻,75—主机质量(kg),ZJ—钻架支撑。

(2) 基本参数

钻进深度(m)—30;钻孔直径(mm)—$\phi65$、$\phi75$;钻杆直径(mm)—$\phi42$、$\phi70$;硬度系数—$f<7$;侧式供水压力(MPa)—0.3;主轴转矩(N·m)—60;主轴转速(r/min)—310;推进行程(mm)—850;推进力(kN)—6.5;推进速度(mm/min)—810;机架调整角度(°)——30~+30;机架调整范围(mm)—上、下 300~1 500;电动机额定功率(kW)—3;额定电流(A)—6.8/3.9;额定电压(V)—380/660;额定转速(r/min)—1 420。

五、常用钻机的操作方法、维护及故障判断与处理

各种钻机的操作方法和故障处理不尽相同,操作和处理故障时应通过培训,根据说明书来完成。

(一) ZQJ-150/1.9 型气动架柱式钻机

1. 操作步骤、方法

(1) 使用光钻杆(包括钻杆之间采用螺纹连接的螺旋钻杆)钻孔操作

① 安装钻杆和钻头的操作:旋转部退至机架后端,将钻杆旋

接在水辫轴上,打开机头上的夹头,旋转部旋转,慢慢前进,当钻杆前端外螺纹通过机头后停机,再将钻头旋接在钻杆上。

② 开孔的操作:修平开孔处的煤岩,保证钻头接触平稳,打开供气或供水阀门,给水辫供气或供水,旋转部旋转并慢慢推进,当钻进一定深度且钻机、钻具运转平稳后,方可正常钻进。

③ 加接钻杆的操作:钻机钻进到钻杆四方处,停止推进,旋转部慢慢转动,钻杆上的四方对准夹头时停止旋转,将夹头卡住钻杆,再操作旋转部反转并慢慢后退,当水辫轴与钻杆的连接螺纹松开后,可停止旋转并以正常速度后退到可放入一根钻杆时,停止后退,放入加接的钻杆并对准中心,松开夹头,旋转部旋转并前进,即可接上钻杆,钻机正常钻进。

④ 拆卸钻杆的操作:钻机钻完一个钻孔或需要更换钻头时都要拆卸钻杆。拆卸钻杆时,旋转部正转并后退,当第二根钻杆四方对准夹头时停止旋转和后退,关闭水辫供气或供水阀门,将夹头卡住钻杆,旋转部反转并后退,即可松开钻杆一端螺纹,另一端螺纹需人工用管钳卸下第一根钻杆。然后旋转部正转并前进与第二根钻杆连接后,停止旋转和前进,松开夹头,再按上面的操作程序即可卸下第二、第三根直至最后一根钻杆。

(2) 使用四方扣连接的螺旋钻杆钻孔操作

① 安装钻杆和钻头的操作:旋转部退至机架后端,将过渡接头旋接在水辫轴上,将螺旋钻杆四方扣对中插入过渡接头,插入U形销连接,U形销两端插入开口销(注意将开口销用手钳掰开),动力头正转并慢慢前进,当钻杆前端外四方扣通过机头后停止旋转和推进,将钻头插入螺旋钻杆上,再用U形销连接,U形销两端插入开口销。

② 开孔操作:修平开孔处的煤岩,保证钻头接触平稳,打开供气或供水阀门,给水辫供气或供水,旋转部旋转并慢慢推进,当钻进一定深度且钻机、钻具运转平稳后,方可正常钻进。

③ 加接钻杆的操作:停止推进,取下钻杆与过渡接头之间的U形销(注意:加接钻杆时,操作人员应采取相应安全措施,防止钻杆从钻孔中滑落伤人),操作旋转部慢慢后退,过渡接头与钻杆脱离,使旋转部后退至机架的后端,将要加接的钻杆外四方对中插入前一根钻杆,插入U形销连接,U形销两端插入开口销(注意将开口销用手钳掰开),然后操作钻机慢慢旋转并前进,将过渡接头用上述方法和加接的钻杆连接起来。钻机正常钻进。

④ 拆卸钻杆的操作:钻机钻完一个钻孔或需要更换钻头时都要拆卸钻杆。

第一步:关闭水辫供气或供水阀门,旋转部正转并后退,当第一、第二根钻杆连接处退出机头后,停止旋转和后退,取下过渡接头与第一根螺旋钻杆的连接销,旋转部后退至机架后端,停机,取下第一根螺旋钻杆与第二根螺旋钻杆的连接销,拆下第一根钻杆。

第二步:操作钻机慢慢旋转并前进,使旋转部过渡接头前进到第二根钻杆方扣接头位置,用U形销将过渡接头和第二根钻杆连接好。按上面的操作程序即可卸下第二、第三根直至卸完全部钻杆。(注意:拆卸钻杆时,操作人员应采取相应安全措施,防止钻杆从钻孔中滑落伤人)

2. 操作中的注意事项

(1)钻机在钻孔过程中,严禁旋转部反转。

(2)钻杆之间采用螺纹连接时,只有在加接或拆卸钻杆时,夹头夹住钻杆后才可反转。

(3)钻杆之间采用U形销连接时,若钻进向上倾斜孔,加接或拆卸钻杆时,操作人员应采取相应安全措施,防止钻杆从钻孔中滑落伤人。

(4)注意钻机各运动部件的温度情况,轴承、风动马达、减速箱箱体等处的温度不得超过 60 ℃,否则应停机检查并加以处理。

(5) 观察钻机在钻进过程中的运转状态,若发现有过载的现象,可操作推进部配气机构手把,降低推进速度。若发现有异常声响、旋转部和机架摆动大、立柱有晃动,应停机检查并加以处理。

(6) 各操作手把应按规定的记号和规定的操作程序操作。换向不应过快,以免造成气压冲击,损坏机件。

3. 保养与维护

(1) 钻机在使用期间,必须保持清洁、完好、功能齐全、灵活可靠,进行日常维护和定期检查,钻机不能带病作业。

(2) 交接班时,检查各操作手把是否灵活可靠,各气管连接是否完好,有无漏气现象,发现问题应及时处理。

(3) 每班对机架导轨面和齿条进行清理并涂抹 20# 机油一次;每周对立柱丝杆进行清理并涂抹黄油一次,对旋转部、减速箱加涂黄油一次,对推进部减速器润滑油检查一次,若润滑油减少应及时补充。

(4) 每 3 个月更换推进部减速器润滑油一次;清洗和更换旋转部减速箱黄油一次。

(5) 每 6 个月检修钻机一次。

(6) 储存保管:钻机未使用或使用后需储存(必须对整台钻机进行彻底清洗及维修)应储存在通风良好、防潮、无腐蚀性气体的仓库内。

4. 常见故障分析和处理

钻机常见故障和处理方法见表 6-2。实际工作中应结合具体情况综合分析,准确判断及时处理。

表 6-2　　　　　常见气动架柱式钻机故障及处理方法

部件	故障	可能原因	处理方法
旋转部	输出转矩不足	供气压力小	调整供气压力
		进气管路堵塞	清洗进气管路
		配气阀手把不到位	将配气阀手把打到位
		旋转马达磨损严重	更换旋转马达
	输出转速不足	供气量小	调整供气量
		进气管路连接不好或破损	重新连接或更换进气管路
		配气阀手把不到位	将配气阀手把打到位
		旋转马达磨损严重	更换旋转马达
	减速箱发热或声响大	润滑黄油缺少	加涂黄油
		轴承磨损或损坏	更换轴承
		齿轮磨损严重或打齿	更换齿轮
	旋转部运行摆动大	滑块与导轨间隙偏大或滑块磨损严重	调整滑块安装位置或更换滑块
		齿条齿间有异物堆积	清除齿条齿间异物
推进部	推拉力不足	供气压力小	调整供气压力
		进气管路堵塞	清洗进气管路
		配气阀手把不到位	将配气阀手把打到位
		推进马达磨损严重	更换推进马达
	推进速度慢	供气量小	调整供气量
		进气管路连接不好或破损	重新连接或更换进气管路
		配气阀手把不到位	将配气阀手把打到位
		推进马达磨损严重	更换推进马达
	推进减速器发热或声响大	润滑黄油缺少	加涂黄油
		轴承磨损或损坏	更换轴承
		蜗轮、蜗杆磨损严重	更换蜗轮、蜗杆

（二）KHYD75-ZJ 型煤矿用岩石电钻

1. 操作方法

（1）安装钻具操作：主机退至机架后端，将钻杆旋接在过渡接头上，开机操作主机缓慢推进，当钻杆外螺纹通过导向套后停机，将钻头旋接在钻杆上。

（2）开孔操作：修平开孔处的煤岩，保证钻头平稳地接触，打开供水阀门，开机，钻具旋转，主机缓慢推进，当推进一定深度且电钻、钻具运转平稳后，方可正常速度钻进。

（3）加接钻杆操作：主机推进到导向套附近时，先停止推进并后退 10～20 mm（防止下次带负荷启动，损坏钻头），人工用管钳松开钻杆与过渡接头之间的连接螺纹，主机快速退至机架后端将加接钻杆旋接在钻杆上，然后主机缓慢推进，过渡接头与钻杆连接，即完成加接钻杆工序。（注意：钻进上行孔应防止钻杆从孔中滑出，钻进下行孔应先旋转再推进）

（4）拆卸钻杆操作：电钻在完成一个孔或更换钻头时，需拆卸钻杆。主机退至机架后端停机，人工用管子钳先松开钻杆与过渡接头之间的连接螺纹，再松开第一根、第二根间的连接螺纹，卸下第一根钻杆。开机，主机推进至第二根钻杆时，应缓慢推进与第二根钻杆连接。再按上述顺序操作，即可依次拆卸每根钻杆。拆卸最后一根钻杆时，钻头应退出孔口。

2. 操作中的注意事项

（1）电钻出现异常声响，减速箱、电动机等处温度超过 60℃ 时，应停机检查，若有问题应及时处理。

（2）由于排渣不顺畅或卡钻而引起超负荷，应停止推进，钻具继续旋转并将主机往返运行数次，待排渣顺畅，负荷降低后再推进。若不是排渣不顺畅而引起的超负荷，可能是钻头的刀片磨钝或崩片，这时应起拔拆卸钻杆检查钻头或更换钻头。

（3）若遇岩性变硬而引起超负荷，摩擦离合器打滑，此时只能停止推进钻具继续旋转待负荷降低后再推进,决不能过度用力旋转手轮强压摩擦片,否则会引起机件损伤。

(4) 在操作过程中,开机前摩擦离合器手轮应位于中间空挡位置,操作摩擦离合器手轮时应均匀用力,缓慢旋转,不能过度用力强压摩擦片。

3. 保养及维修

(1) 电钻在使用期间,必须保持清洁、完好、功能齐全、灵活可靠,进行日常维护和定期检测。

(2) 交接班时必须仔细检查电钻的完好性和工作性能,发现问题及时记录和处理,电钻不得带病作业。

(3) 交班时应清理机器上的导轨、滚子链和链轮,并涂抹润滑油。

(4) 对外露的螺纹及接合面每周涂抹黄油 1 次,如立柱上的锚固丝杆、横梁两端抱箍的紧固螺栓,机架座下面抱箍的紧固螺栓及转盘的柄紧螺栓,转盘的接合面。

(5) 3 个月小修 1 次,6 个月大修 1 次。

(6) 贮存保管:电钻未使用或使用后需储存(必须对整台电钻进行彻底清洗及维修),应储存在通风良好、防潮、无腐蚀性气体的仓库内。

4. 常见故障分析与处理(表 6-3)。

表 6-3　　　　　　　常见岩石电钻故障分析与处理办法

序号	故障	可能原因	处理办法
1	主轴不转	齿轮损坏或平键切断	换齿轮或平键
2	电机过热	钻杆弯曲或钻头损坏	换钻杆或钻头
		减速箱或轴承润滑不良	检修或增加润滑脂
		电压偏低或偏高	调整电压
		卡钻	检查水源是否畅通以便排粉

序号	故障	可能原因	处理办法
3	减速箱内部声音不正常	有杂物	送修
		机件损坏或松动	消除杂物
4	工作时突然停钻	停电或保险丝烧断	检查电源或更换保险丝
		钻头卡死	检查排渣或更换锐利钻头
		齿轮或轴承损坏	更换齿轮或轴承

（三）ZDY3200S 型煤矿用全液压坑道钻机

1. 操作方法及步骤

（1）开钻前的准备

① 油箱内加满清洁油液（钻机正常工作后油面应在油位指示计的中间偏上约 2/3 处），一般用 N46 抗磨液压油，如果环境温度较高可用 N68 抗磨液压油。

② 检查钻机及各部分紧固件是否紧固。

③ 在需要润滑的部位加注润滑油和润滑脂。

④ 检查各油管是否连接无误。

⑤ 主油泵按指示的箭头先将泵量调至最小位后再反转 5～8 圈即可，副油泵的泵量调至 25% 左右即可。

⑥ 将操纵台上副油泵的功能转换手把置于调压阀位（也就是前位）。其他的操纵手把均放在中间位置，背压调节手轮（单向节流阀）顺时针调到极限位置。减压阀、溢流阀手轮调至最小位置。马达变量手轮按需要调节，一般在中速排量范围。

⑦ 打开油箱上的截止阀，此阀未打开前不准启动电机。

（2）启动

① 接通电源。

② 试转电机，注意转向是否与油泵的要求一致。

③ 启动电机，观察油泵是否正常运转（应无异常声响，操纵台

上的回油压力表应有所指示)检查各部件有无渗漏油。

④ 使主、副油泵空转 3～5 min 后再进行操作,如油温过低,空转时间应加长,待油温达 20 ℃ 左右时,才可调大排量进行工作。

(3) 试运转

① 油马达正转、反转双向试验,运转应正常平稳,系统压力表读数不应大于 4 MPa。

② 反复试验回转器的前进、后退,以排除油缸中的空气,直到运转平稳为止,此时系统压力不应超过 2.5 MPa。

③ 试验卡盘、夹持器,开闭要灵活,动作要可靠。

④ 检查各工作机构的动作方向与指示牌的标记方向是否一致,如不一致应及时调换有关油管。例:回转器马达的正、反转,前进、后退等。

⑤ 在以上各项试运转过程中,各部分应无漏油现象,如发现应及时排除。

(4) 开钻

① 无岩芯开孔

从回转器后端插入一根钻杆,穿过卡盘,顶在夹持器端面上(因此时夹持器闭合,不能穿入)。若从回转器后端不能插入钻杆时,可关掉钻机,待钻杆插入回转器后,重新启动钻机。

副油泵功能转换阀手把推到前位(即溢流给进位),夹持器功能转换手把推到分离位(即前位)。将起下钻转换手把推到下钻位置,向前推给进起拔手把,使钻杆进入夹持器,在夹持器前方人工上无岩芯钻头,准备钻进。

② 取芯开孔

抽出夹持器卡瓦,回转器后退到极限位置,在卡盘前方放入粗径取芯钻具(应用短岩芯管)。

从回转器后端插入一根钻杆,与粗径钻具接头拧在一起,准备钻进。

（5）下钻

① 将夹持器上盖翻转到一侧，抽出夹持器下卡瓦，将小于108 mm 的粗径钻具下入孔内，用垫叉悬置在孔口管上（钻下垂孔时）或顶在夹持器前端（钻上仰孔时）。

② 合上夹持器上盖，从回转器后端插入钻杆，将起下钻手把置于下钻位置，向前推给进起拔手把（即给进回转器）使钻杆穿过夹持器，与粗径钻具接头连接在一起（手动或机动），然后装上夹持器卡瓦。

③ 扳动给进起拔手把，靠回转器的往复移动将钻杆送入孔内，待钻杆尾端接近回转器主轴后端时停止送入。

④ 从回转器后端插入第二根钻杆，人工对上丝扣，后退回转器，并且正转（卡盘自动夹紧）拧紧钻杆，重复③操作，送入第二根钻杆，以后依次反复，直到送完全部钻杆。

（6）钻进

① 接上水龙头，开动泥浆泵，向孔内送入冲洗液。

② 待孔口见到返水后，将给进起拔手把拉向起拔位置，使回转器后退到极限位置，夹持器完全打开，随之关闭截止阀，夹持器处于打开状态。反时针旋转背压调节手轮，使其关小（垂直孔需关死）。推动马达回转手把让回转器正向旋转（注意切勿反转）。将给进起拔手把回到中位，将转换手把置于中间位置。

③ 根据具体情况调整回转速度进行加压或减压钻进。

加压钻进：将给进压力调节手轮朝反时针方向旋转到极限位置（此时给进压力最小），顺时针旋转给进背压调节手轮，当钻具开始移动时停止旋转，让钻头慢慢推向孔底进行扫孔。扫孔完毕，继续旋转背压调节手轮，使背压降为零，再把给进起拔手把推到给进位置，然后逐渐增大钻进压力（顺时针方向旋转给进调节手轮）使达到规定值，开始正常钻进。

　　减压钻进：钻进下垂孔，当钻具重量超过钻头所需要的压力时，应作减压钻进，此时应在钻具悬置状态下读起拔压力表读数（称重），然后顺时针方向旋转背压手轮，减小背压，使钻具缓慢下移进行扫孔。待钻头接触孔底后，再继续减小背压，提高孔底压力到达规定值，开始正常钻进。

　　钻进过程中，转数和压力应根据工艺需要及时调整。

　　（7）倒杆

　　① 减小孔底压力，停止给进，然后停止回转，向前推夹持器功能手把（即夹持器油路开通），夹持器夹住钻具。

　　② 退回回转器（也称"倒杆"）。

　　③ 借助于给进，打开夹持器，将夹持器截止阀关闭，然后重新开始钻进（操作同前）。

　　（8）加杆（接长钻具）

　　① 减小孔底压力，停止给进和回转，向前推夹持器功能手把。

　　② 停供冲洗液，卸下水龙头。

　　③ 接上加尺钻杆，再接上水龙头，退回回转器，打开夹持器，夹持器截止阀关闭，即可开始钻进。

　　（9）停钻

　　① 减小孔底压力，停止给进和回转，向前推夹持器功能手把。

　　② 将钻具提离孔底一定距离（参考起钻说明）。

　　③ 停供冲洗液。

　　（10）起钻

　　① 停钻，停供冲洗液，卸下水龙头。

　　② 将起下钻转换手把置于起钻位置，回转器马达排量调到最大。

　　③ 扳动给进起拔手把，拉出钻杆，待欲卸的接头露出夹持器250～300 mm 时停止，马达反转拧开钻杆即可（注意：开始卸钻杆时回转器绝不能后退到极限位置，须留 70 mm 以上的后退余地，

以便回转器能在卸扣过程中随着丝扣的脱开而自动后退,否则将会损坏机件或钻杆丝扣)。

④ 前移回转器,使孔内钻具的尾端进入卡盘,同时取下已卸开的钻杆。

⑤ 拉出下一根钻杆,再按③和④操作。如此循环往复,直到拔出孔内全部钻杆。

⑥ 最后取出粗径钻具。

(11) 操作中应特别注意的问题

① 油管没有全部接好以前不允许试转电机。

② 孔内有钻具,除按规定程序卸钻杆外,绝不允许马达反转。

③ 停止钻进时,要立即将夹持器功能手把推向前位,使夹持器夹紧钻杆,确保安全。

④ 用马达反转卸开钻杆接头时,必须留足卸扣长度(详见前述)。

⑤ 在钻进过程中要随时注意观察各压力表的读数变化,发现异常及时处理。

2. 维护保养

(1) 使用中的维护保养

① 应尽量使用液压油,如果没有液压油而以相同黏度的机械油作代用品时,元件使用寿命将受影响。

② 初次加油时,应认真清洗油箱,所加液压油必须用滤油机过滤。

③ 在井下不许随便打开油箱盖和拆卸液压元件,以免混入脏物。

④ 使用中经常检查油面高低,发现油量不足即应通过空气滤清器加油。

⑤ 回油压力超过 0.6 MPa 应更换回油滤油器滤芯。

⑥ 定期检查液压油的污染和老化程度(可采用与新油相比较

的方法)。如发现颜色暗黑混浊发臭(老化),或明显混浊呈乳白色(混入水分),则应全部更换。

⑦ 开动以前或连续工作一段时间以后,应注意检查油温。通常油温在 10 ℃以下时,要进行空负荷运转提高油温,超过 55 ℃则应使用冷却器。

⑧ 机身导轨表面,应在每次起下钻前加润滑油一次,夹持器滑座应经常加注润滑油。

⑨ 冷却器必须采用低压(小于 1 MPa 压力)的干净水,禁止高压水和污水进入冷却器。

⑩ 使用泥浆时,要经常用清水冲洗卡盘四块卡瓦之间的缝隙。

(2)搬迁时应注意事项

① 长距离的搬迁,拆下油管后,所有的接头及油管接头均需用堵头堵住,并盘绕整齐,以免运输过程中挂断。

② 如装车运输,应将机身下落到最低位置,然后锁紧轴瓦。

③ 在起重、装卸、运输过程中,应注意保护压力表、操作手把、手轮、外露油管接头、机身导轨、滤清器和冷却器等零部件。

④ 所有部件在搬运过程中,均不允许顺坡道滚放,也不能从水中通过。

3. 故障的判断与排除

钻机常见的故障及排除方法如表 6-4 所列。实际工作中应结合实际情况,综合分析,准确判断,及时排除。

表 6-4　ZDY 型煤矿用全液压坑道钻机常见故障及排除方法

故障	可能原因	排除方法
油泵不排油	电动机转向错误	调换转向
	油泵变量机构在 0 位	应调在 0 位以上
	截止阀门没打开	打开截止阀

故障	可能原因	排除方法
泵排量不足、噪音大	油箱内油面过低	加油
	油箱吸油滤网阻塞	清洗吸油滤网
	油的黏度过高	换用低黏度油或预热
	油箱空气过滤器阻塞	拆卸清洗空气过滤器
	吸油管道漏气	查明漏气处,加以紧固
	油泵内部损坏或磨损过度	检修或更换新泵
系统压力升不上去	因上述原因油泵不排油或油量不足	按上述油泵不排油,泵排量不足等故障对应的排除方法解决
	安全阀开启压力太低	调整开启压力或检修
	操纵手把停位不当,内部串油	调整手把位置
	系统有泄漏	对系统顺次检查、排除泄漏
马达不回转	油泵不上油或无压力	按上述油泵不排油及系统压力升不上去等故障对应的排除方法解决
	增压阀关死(不能正转可反转)	顺时针旋转手轮,打开增压阀
	主轴卡死	检查轴承或配油套
	马达发生故障	检修或更换新马达
马达无力回转	给进或变速手把不在正确位置上	将手把打在正确位置上
	卡盘配油套泄漏严重	更换配油套与主轴组件
	马达磨损严重,内漏过大	检修马达
卡瓦打滑	卡瓦磨损严重	更换卡瓦
	配油套磨损,内漏严重	更换主轴和配油套组件
	胶筒损坏,漏油	更换胶筒,并检查卡盘端盖与卡瓦的间隙是否过大

故障	可能原因	排除方法
回转器不前进、后退	油泵不上油或无压力	按油泵不排油及系统压力升不上去的排除方法解决
	给进压力太小	增大给进压力
	背压阀关死	顺时针旋转手轮,打开背压阀
	拖板与导轨卡死	松动拖板两侧螺钉
	给进油缸活塞密封损坏,内部串油	检修给进油缸
	链条卡死	调整链条位置
卡盘松不开	复位弹簧失效	更换新弹簧
	卡盘端盖压死卡瓦	加垫片调整端盖与卡瓦的间隙
	回油压力太大	减小回油管路压力
夹持器夹不紧	碟形弹簧损坏	更换弹簧
	卡瓦严重磨损	更换卡瓦
	截止阀没有打开	打开截止阀
夹持器松不开	滑座上脏物太多(煤粉、岩粉等)	拆开清洗,排除脏物
	滑座生锈	拆洗,去锈加油
压力表无指示	缓冲螺钉切槽阻塞	清除阻塞物
	铜管接头松开,漏油	拧紧接头
	压力表损坏	更换压力表
压力表无回零	缓冲螺钉切槽太小,阻力大	扩大切槽
	压力表损坏	更换新压力表
	系统回油阻力大	减小回油阻力

（四）ZYW-2000 型煤矿用全液压钻机

1. 操作步骤、方法

（1）根据需要安装前置或后置水辫,应配置专用供水阀门向水辫供水。冷却器使用的水压不超过 1 MPa。同时,钻机在使用过程中,为使冷却器的冷却效果不受影响,冷却水应和钻机钻孔使用的排渣水分开,不能使用一根水管。

注意:在大倾角钻孔时只能使用前置水辫。

(2) 根据需要选择旋转速度。

(3) 安装钻头操作:

将夹持器功能选择阀置于单动位(注意:禁止在安装第一根钻杆和钻头时使用联动功能)。

① 使用前置水辫:动力头退至机架后端,将前置水辫安装在卡盘上(水辫壳体上的定位销放入拖板的定位槽内),松开夹持器,将1根或多根钻杆穿过夹持器旋接在水辫轴上,将钻头旋接在钻杆上,接上水辫供水管。

② 使用后置水辫:动力头退至机架后端,松开卡盘及夹持器,放入1根钻杆在动力头中空主轴内,钻杆内螺纹露出动力头后端,外螺纹置于动力头前端,在动力头前再旋接1根或多根钻杆,使钻杆外螺纹穿过夹持器,将钻头旋接在钻杆上,在动力头后面钻杆旋接后置水辫,接上水辫供水管。

(4) 开孔操作:

修平开孔处的煤岩,保证钻头接触平稳。打开供水阀门给冷却器和水辫供水,动力头慢转,并慢速向前推进,当钻进一定深度且钻机、钻具运转平稳后,方可用正常旋转和进给速度钻进。

(5) 钻机联动操作(注意:禁止在大倾角钻孔时使用联动功能):

① 钻进操作。

A. 近水平钻孔时(可根据需要选择前置水辫或后置水辫)。

a. 使用前置水辫:

前置水辫与卡盘采用花键连接传递扭矩。

功能选择阀置于进杆位,卡盘功能选择阀处于单动位、夹持器功能选择阀均置于联动位。从动力头水辫前端加入一根钻杆。

操作多路阀旋转阀片置于正转位,马达正向旋转,同时操作多路阀推进阀片置于前进位,动力头向前正常推进,钻机处于正常钻进工况。此时,马达正转油路或推进油路均向夹持器供油,控制夹持器自动松开。操纵台上的溢流阀可调节推进力及钻进速度。

动力头走完一个行程后(即钻进一根钻杆),操作推进手把置于中位,停止推进;操作多路阀旋转阀片置于中位,马达停止转动,此时夹持器自动夹紧。

操作动力头反转,动力头反向旋转同时夹持器自动夹紧钻杆,拧松钻杆接头。

操作多路阀推进阀片置于后退位,动力头快速后退,孔内的钻杆保持不动,动力头后退到位时再次从水辫前端加入一根钻杆。

操作多路阀旋转阀片置于正转位,操作推进手把处于前进位,动力头再次旋转钻进。

如此反复,可连续向前钻进。

b. 使用后置水辫:

功能选择阀置于进杆位,卡盘功能选择阀、夹持器功能选择阀均置于联动位。根据需要,可从动力头中空主轴尾部一次加入多根钻杆。

操作多路阀旋转阀片置于正转位,马达正向旋转,同时操作多路阀推进阀片置于前进位,动力头向前正常推进,钻机处于正常钻进工况。此时,马达正转油路或推进油路均向卡盘及夹持器供油,控制卡盘自动夹紧,夹持器自动松开。操纵台上的溢流阀可调节推进力及钻进速度。

动力头走完一个行程后(即钻进一根钻杆),操作推进手把置于中位,停止推进;操作多路阀旋转阀片置于中位,马达停止转动,此时卡盘自动松开,夹持器自动夹紧。

操作多路阀推进阀片置于后退位,动力头快速后退,钻入孔内的钻杆保持不动,动力头后退到位时操作多路阀旋转阀片置于正转位,操作推进手把前进,动力头再次夹紧钻杆钻进。

如此反复,可连续向前钻进。

B. 大倾角情况下钻孔。

大倾角钻孔只能使用前置水辫且禁止使用联动功能。

卡盘功能选择阀、夹持器功能选择阀均置于单动位。

操作夹持器操作手柄置于松开位置,多路阀旋转阀片置于正转位,马达正向旋转,同时操作多路阀推进阀片置于前进位,动力头向前正常推进,钻机处于正常钻进工况。

动力头走完一个行程后(即钻进一根钻杆),操作夹持器操作手柄置于夹紧位置,夹持器夹紧钻杆,操作多路阀旋转阀片置于反转位,马达反向转动,松开钻杆螺纹接头。

操作多路阀推进阀片处于后退位,动力头快速后退,钻入孔内的钻杆保持不动,动力头后退到位时从水辫前端加入钻杆。操作多路阀旋转阀片置于正转位,动力头再次向前钻进。

② 退钻杆及卸钻杆操作。

将多路阀旋转阀片、推进阀片置于中位,卡盘自动松开,夹持器将自动夹紧;功能选择阀置于退杆位,卡盘功能选择阀、夹持器功能选择阀均置于联动位。

操作多路阀推进阀片处于前进位,卡盘回油保持打开、夹持器回油保持夹紧同时推进油缸前进,处于孔内的钻杆被夹持器夹紧保持位置不变。

动力头前进到位后,操作多路阀推进阀片处于后退位,卡盘夹紧、夹持器松开同时推进油缸后退,卡盘夹住孔内钻杆并后拖。

后拖到位时,操作多路阀推进阀片处于中位,卡盘松开、夹持器夹紧。

操作多路阀旋转阀片置于反转位,马达反转同时,马达反转油路的油液控制卡盘与夹持器夹紧,卡盘夹持器配合拧松钻杆螺纹。

如此反复可快速拆卸孔内钻杆。

③ 进杆操作。

将多路阀旋转阀片置于中位时,卡盘自动松开,夹持器自动夹紧。

将功能选择阀置于进杆位,卡盘功能选择阀、夹持器功能选择阀均置于联动位。

将钻杆从动力头尾部装入,一次可连接多根钻杆。

操作多路阀推进阀片处于前进位,卡盘夹紧、夹持器松开同时推进油缸前进,卡盘夹住钻杆并向孔内送进。

操作多路阀推进阀片处于后退位,卡盘打开、夹持器夹紧同时推进油缸带着动力头后退。

钻杆到位时,操作多路阀推进阀片处于中位,卡盘松开夹持器夹紧,再依次从动力头尾部装入钻杆。

如此反复可快速向孔内送入钻杆,此功能主要用于更换钻头时加接钻杆。

(6) 钻机单动操作进行事故处理

卡盘功能选择阀、夹持器功能选择阀均置于单动位置,操作多路阀卡盘阀片、多路阀夹持器阀片可分别操作卡盘及夹持器进行事故处理或其他操作。

2. 操作中注意事项

(1) 钻机在钻孔过程中,动力头严禁反转。只有在拆卸钻杆时,且钻杆接头位于卡盘与夹持器中间位置且夹持器夹住钻杆后才可反转。

(2) 注意各运动部件的温升情况。钻机表面温升和变速箱中的油液温升≤40 ℃,油泵和变速箱外表面最高温度≤75 ℃,泵站油箱出油口液压油的最高温度≤60 ℃,液压马达的最高温度≤85 ℃,否则应停机检查并加以处理。

(3) 观察各压力表所提示的压力,判断钻机是否过载。出现过载现象应调节溢流阀,降低钻进速度,减少负荷;当发现回油压力超过 0.8 MPa 时,应停机清洗或更换精过滤器滤芯。

(4)观察钻机在钻进过程中的运动状态,若发现有异常声响、动力头振动过大、机架有摆动、立柱框架有晃动,应停机检查并加以处理。

(5)各操作手把应按规定的记号和规定的程序操作。换向不能过快,以免造成液压冲击,损坏机件。

(6)观察油箱的油位,当油位下降到标定位以下时,应停机加油。

3. 保养、维修

(1)钻机在使用期间,必须保持清洁、完好、功能齐全、灵活可靠、进行日常维护和定期检修。

(2)交接班时,检查各操作手把是否灵活可靠、各压力表指针是否能正确指示压力、各油管连接是否完好、有无漏油现象、水辫是否漏水,发现问题及时处理。

(3)钻机正常运转 3 个月后要对油质检查一次。若不合格,应将油全部放出,并清洗油箱,注入新的液压油。

(4)定期对运动件结合处、润滑点、导轨、轴加注润滑油。润滑部位见表 6-5。

表 6-5　　　　　ZYW 型煤矿用全液压钻机润滑部位

零件名称	润滑点位置	润滑操作
动力头	减速箱	3 个月换润滑油一次
减速箱	前端轴承(2 处)	每周加注黄油一次
机架	导轨面	每班涂黄油一次
支撑杆	螺杆螺纹	每周涂黄油一次

4. 常见故障分析与处理方法

实际工作中应结合具体情况,综合分析、准确判断、及时处理,见表 6-6。

表 6-6　　ZYW 型煤矿用全液压钻机常见故障与处理方法

部件	故障	可能原因	处理办法
泵站	油箱发热	油量过少	加油
		冷却器通水量不足	增大冷却水量
		溢流阀长时溢流	检查调整或更换溢流阀
	油泵不排油或排油量不够	电动机旋向错误	调换方向
		吸油过滤器堵塞	清洗吸油过滤网
		油泵内部损坏或磨损过度	检修或更换新泵
		油箱内油面过低	加油
动力头	马达回转无力	供油压力低	调整系统压力
		马达磨损严重,内泄过多	更换马达
		操作手把不到位,供油不足	将手把打到正确位置上
	动力头发热	轴承磨损严重或损坏	更换轴承
		轴承未到位,中空主轴轴向窜动	调整轴承松紧度到要求范围
	卡盘打滑	卡瓦磨损严重	更换卡瓦
		胶套损毁严重	更换胶套
		滤芯堵塞	更换滤芯
机架	动力头不能前进或后退	溢流阀处于完全打开状态	调高溢流阀压力
		推进油缸密封圈损坏,内部窜油	检查油缸或更换油缸
		推进压力太低	增大推进压力
夹持器	夹持器夹不紧钻杆	卡瓦严重磨损	更换卡瓦
		活塞密封损坏,内部窜油	更换密封圈
		夹持器碟簧失效	更换夹持器碟簧

第三节　封孔作业

　　不管是瓦斯抽放还是参数检测,对封孔都有严格要求。封孔作业对综合防突来说非常重要。

一、封孔技术

《防突规定》规定穿层钻孔的封孔长度不得小于 5 m,顺层钻孔的封孔段长度不得小于 8 m。实际封孔长度要根据孔的用途、钻孔周围煤岩层裂隙状况等因素决定。

当前国内外采用的封孔技术主要有机械注水泥砂浆封孔、发泡聚合材料封孔、封孔器封孔等。其中,水泥砂浆封孔主要适用于倾斜钻孔,对于近水平或缓倾斜煤层则不适用;发泡聚合材料封孔具有发泡倍数高、封孔快捷的优点,但其封孔材料成本高;快速封孔器封孔速度快,可重复使用,能降低成本,但封孔段短、效果差,只适用于临时抽放封孔。

若封孔要严实,不漏气,除了“堵”钻孔以外,还要用带压注浆方式来达到改变瓦斯抽采钻孔周围煤体特性和密封微孔裂隙的目的。

(一)聚氨酯封孔

1. 原理及示意图(图 6-4)

国内本煤层钻孔封孔普遍采用高分子发泡材料,其中以聚氨酯材料为主要材料。封孔时将双组分高分子发泡材料混合搅拌后,用棉纱、棉布、毛巾等织物浸泽缠绕在封孔管的某个长度上,然后插入钻孔 10 m 左右的深处,高分子发泡材料发泡膨胀,将钻孔封堵。

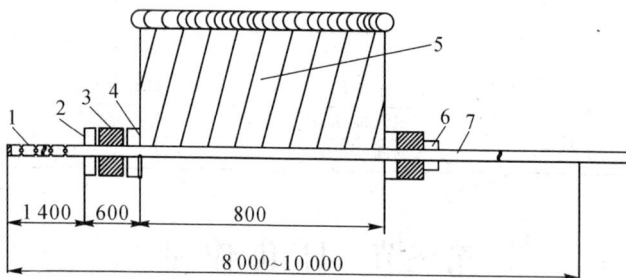

图 6-4 卷缠药液法抽放管结构示意图

1——筛孔段;2——铁挡盘;3——木塞;4——橡胶垫圈;

5——毛巾布;6——铁丝;7——抽放管

2. 封孔操作程序

先称出封一个孔的甲、乙药液量,分别装入两个容器,再将两种药液同时倒入混合桶,立即用棒快速搅拌均匀。当药液由黄褐色变为乳白色时,停止搅拌,将药液均匀倒在毛巾布上,边倒药液边向抽放管上卷缠毛巾布,并把卷缠好药液的封孔管迅速插入钻孔,大约 5 min 后,药液开始发泡膨胀,20 min 后停止发泡,逐渐硬化固结。

为了避免封孔管晃动影响封孔质量,孔口处用木塞楔紧。

3. 存在问题

由于高分子发泡材料需要有较高的发泡倍数才能将钻孔封闭,高分子发泡材料发泡之后具有两个致命缺陷:第一,抗压强度低;第二,可压缩量很大。高瓦斯矿井和煤与瓦斯突出矿井往往采深较大,相应的地应力也较大,加之煤层强度普遍较低,井下煤层钻孔在地应力作用下将逐渐蠕变,钻孔在蠕变的过程中,钻孔周围的煤体将会产生松动裂隙(漏气通道)。

(二)专用封孔袋子配合聚氨酯封孔

1. 封孔工艺

(1)钻孔施工结束后吹净孔内钻渣,以利于顺利下 PE 管及封孔。

(2)封孔深度 15 m,封孔管为一整根 15 m,直径 50 mm 的 PE 管。

(3)使用专用封孔袋子 ϕ200 mm 长 4 m 双抗编织袋将封孔管套住,插入注聚氨酯软管,并将袋子两端捆绑严实,孔底留 2 m 位置捆扎专用封孔袋。

(4)将封孔管下入孔内,实行带压封孔,用压风封孔专用工具时注入聚氨酯黑白液,使其在封闭的编织囊袋内充分混合膨胀,减少聚氨酯混合液泄漏。但由于编织袋的透气性,少量聚氨酯在囊内膨胀时会渗出,和煤壁融合,这样更加提高了封孔效果,确保封孔质量。

（5）封孔段尽可能封钻孔的里半段，外段孔口部分为防止封孔晃动产生裂隙影响抽采效果，可在孔口用少量海绵混合聚氨酯固定或采用孔口稳固挡板套住封孔管固定。

（6）此种方式封孔，可以达到所需求的各种封孔深度，尤其是松软煤层封孔，空编织囊袋和封孔管送入孔内几乎和封孔管直径相似，可任意送入孔内深度。

2. 封孔步骤

第一步：用双抗编织袋套住 PE 管，套至距底部 2 m 位置（图6-5）。

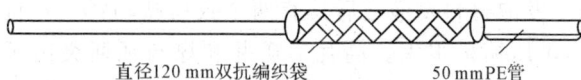

直径120 mm双抗编织袋　　　50 mm PE管

图 6-5

第二步：用 12 号铁丝将袋子两端捆扎严实。

第三步：将 11 m 的 4 分软管插入双抗编织袋注浆孔内，并用12 号铁丝将软管与 PE 管扎一起（图 6-6）。

4分软管　　　12号铁丝捆扎

图 6-6

第四步：将黑、白聚氨酯分别倒入不同箱体内。

第五步：使用 4 分软管将两个聚氨酯箱体与三通快速接头连接（图 6-7）。

第六步：将 PE 管送入钻孔内。

第七步：将 PE 管与聚氨酯箱体连接，打开压风及箱体阀门，开始注浆。

第八步：注浆结束后，拔出 4 分软管，并安装孔口稳固挡板。

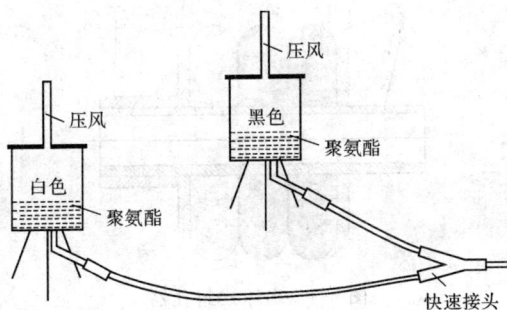

图 6-7

（三）机械弹性封孔技术

常用的机械弹性封孔器有两种：螺旋弹性胀圈式封孔器和弹性串球式封孔器,这两种封孔器的结构分别如图 6-8 和图 6-9 所示。

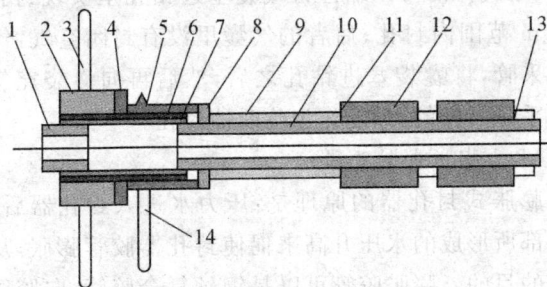

图 6-8　螺旋式封孔器示意图

1——接头;2——螺母;3——手柄;4——垫板;5——定向销;

6——套管;7——螺杆;8——传力垫;9——外套;10——内管;

11——托盘;12——胶桶;13——螺帽;14——手柄

这种封孔技术用在采煤工作面临时性封孔,这类钻孔深度 5~10 m,主要抽采工作面前方松动区内的瓦斯,在距离孔口 1~ 2 m 封孔。这种封孔方法对钻孔的密封性能很差,漏气很严重,

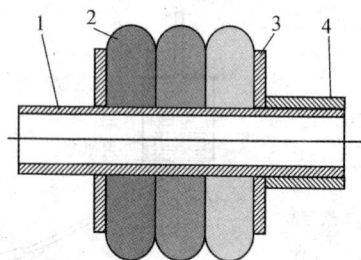

图 6-9　串球式封孔器

1——内套;2——橡胶球;3——挤压板;4——挤压外套

不能用于煤层长效抽采钻孔的封孔。

（四）充气式封孔器

充气式封孔器主要有两种,一种是免充气气囊式,另一种是充气气囊式。前者将气体封闭在一个橡胶囊里,气囊中部有一根抽采管,利用气体的可压缩性将气囊塞进钻孔里实现封孔。主要在孔口 1 m 范围内封孔;后者的气囊里没有封闭空气,气囊中部有一根抽采管,将囊袋塞进钻孔之后,然后再向囊袋充气。两者的效果几乎是一样的,只能作为临时性封孔。

（五）水力膨胀式封孔器

水力膨胀式封孔器的原理是:压力水进入封孔器后,通过在膨胀器内部所形成的水压升高来促使封孔器胶管膨胀,从而达到封堵钻孔的目的。膨胀胶管可以是钢丝复合胶管,向胶管内注水的压力可以达很高,对钻孔具有很好的封闭效果。

这种封孔器在煤层注水方面用得较多,但对于本煤层长效抽采来讲不大可行:一方面,成本较高;另一方面,封孔器的微泄漏不能保证长效封孔的效果。

（六）加压注浆封孔法

1. 封孔原理

加压封孔技术,是基于煤壁内存在的应力扰动沟通裂隙,利用带压注浆方式来达到改变瓦斯抽采钻孔周围煤体特性和密封微孔裂隙的目的。

该技术利用注浆设备,以一定压力将浆液材料压注到瓦斯抽采钻孔封孔段空间及周围孔壁煤体裂隙内部,浆液在注浆压力作用下,可以劈裂、扩展孔壁内煤体裂隙,充填孔隙和煤体凹凸面,增大浆液扩散范围;并在大渗透压力作用下深入煤体微裂隙内,并产生凝聚力,待浆液固化后,形成树枝状分布,并与煤体颗粒固结在一起,以便彻底密封空气泄入通道。

2. 使用方法

封孔段两端用聚氨酯封堵,中间加压注入填充材料,封孔深度 15~20 m。两端用袋装聚氨酯或者用帆布袋加注聚氨酯,中间的填充材料用水泥砂浆或专用膨胀水泥。

使用袋装聚氨酯时,在封孔管两端 1.5~3 m 段使用 6 袋聚氨酯,中间的 3~15 m 用注浆泵注入膨胀水泥,注浆压力 1 MPa 左右,注入膨胀水泥 40~75 kg,直至煤壁或孔口出浆时停。2 h 后连抽。

使用帆布袋聚氨酯时,在封孔管两端 1.5~3 m 段各套上长 1.5 m 的帆布袋,并预埋 4 分铝塑管,使用双液注浆泵注入聚氨酯 1~2 kg,中间注入膨胀水泥。

二、钻孔、封孔要求

(1) 钻孔前,选择开孔位置。钻孔一般在软煤(岩)层中布设,开孔位应选择在裂隙不发育,离其他钻孔较远部位。

(2) 标定好孔位后,拉好孔线。钻孔应沿着拉好孔线的方向钻进。

(3) 在钻孔施工的整个过程中,人员若需要靠近钻孔孔口附近时,必须在钻孔孔口的上风侧测量孔口周围瓦斯浓度,避免孔口局部瓦斯大危及人员安全。

(4) 钻孔施工到位后,要及时撤杆,撤杆过程中要给风旋转,排出钻孔煤屑,以免影响封孔。

(5)撤杆结束后,必须按照规定进行永久性封孔。封孔前后必须测量孔口瓦斯浓度,施工区队必须通知相关科(队)验孔,经验孔人员验收合格后方可进行埋管封孔。

(6)封孔结束后,打钻人员必须进行临时连管抽放。

(7)需抽采的钻孔,相关区队必须及时进行标准化连管和设置放水箱,并将永久性封孔支管连接到地面瓦斯抽放泵的主管路上,确保抽放负压不得低于13 kPa。

(8)标准化连管后,必须在钻孔正下方吊挂孔口牌,并在孔号牌上用黑色油漆笔签上姓名,如实且详细填写钻孔的参数(如钻孔深度、钻孔偏角、钻孔倾角等参数)。安检员、瓦检员及监钻验收员经确认无误后在孔号牌上签字,不允许出现代签情况。

(9)封孔质量保证:

① 封孔时用2寸软管(其管长12 m),钻孔最里段2 m(4 cm小孔布置)处严禁封堵,在软管外口用木锥将管口堵死以防煤尘进入管内;在距里段软管2 m处用毛巾往外用聚氨酯封孔(长度2 m)。

② 封孔要确保钻孔不漏气、封孔管无松动、钻孔气路畅通。孔口由专人用水泥封堵,必须确保封堵段长度大于0.5 m,孔口水泥必须平整。

③ 砂浆封孔时应注意:

a. 砂浆封孔需下套管,套管可采用钢管或外端用钢管、里端用塑料管。

b. 封孔部分需扩孔,孔径一般不小于100 mm。

c. 封孔时先把套管牢固地固定在钻孔内,固定方法可采用在套管上缠编织袋的方法。套管一般要露出孔口10~15 cm。

d. 套管下入钻孔后,可用注浆泵将按规定配制好的水泥砂浆送入管套壁外的钻孔内(水泥、膨胀剂、水的混合比为:10∶1∶6)。

e. 人工送砂浆封孔,要边送砂浆边用力捣实;用泵送砂浆封孔时,灌浆管要固定于钻孔内,孔口要密封,工作结束时要用水把泵内砂浆清洗干净。

三、注浆封孔泵的维护、保养及安全注意事项

(1)严防杂物通过搅拌机进入送浆泵,造成送浆泵泵体损坏。

(2)每次使用完毕对整机进行清洗,严防水泥浆积于搅拌器、送浆泵内造成机体损坏。

(3)拧下送浆泵清洗螺堵,用水清洗干净搅拌机及连接管。

(4)重新拧紧送浆泵清洗螺堵,向搅拌机内注入清水,开启电动机,上拉离合器操作手柄使其处于接合状态,直至送浆泵出口流水清洁为止。

(5)每次使用完毕之后,将封孔泵表面的水泥浆和水泥灰清洗干净。

(6)注浆封孔泵的安全注意事项:

① 严禁送浆泵空运转。

② 清洗过程中严禁用硬物清洗送浆泵螺堵孔口,防止损坏橡胶密封套。

③ 对于连续进行多个钻孔的封孔作业,须进行水泥浆的多次搅拌时,将停留于泵体及注浆管内的干稠水泥浆排出,防止在短时间内凝结造成堵塞。具体操作为:向搅拌机内注入清水进行搅拌,将泵体及注浆管内的干稠水泥浆用清水或稀浆置换。

④ 注浆封孔过程中应将送浆泵清洗螺堵拧紧,防止漏气造成送浆泵达不到额定负压,使送浆泵对搅拌机内水泥稠浆的抽吸能力下降,或吸不进浆。

⑤ 冬天由于气温降低导致送浆泵不能启动时,应取下离合器保护罩,利用离合器上的四个孔强行转动送浆泵数转,然后再启动。

⑥ 在联轴器和操作离合器保护罩没有安好的情况下,严禁启

动泵。

⑦ 在没有检查电器漏电情况下,严禁启动泵。

第四节　钻孔瓦斯涌出初速度与钻屑煤量测定

一、钻孔瓦斯涌出初速度 q 的测定

钻孔瓦斯涌出初速度(q)是用于煤矿井下工作面预测煤与瓦斯突出危险或防突措施效果检验的一项重要指标。

目前,测定 q 的仪器很多,其测量原理大同小异。下面以CWY30 型钻孔瓦斯涌出初速度测定仪为例来说明仪器的使用方法。

（一）仪器简介

CWY30 型钻孔瓦斯涌出初速度测定仪(图 6-10)主要用于煤矿采掘工作面测定煤层钻孔瓦斯涌出初速度,预测煤层工作面的瓦斯突出危险性,其具有操作简单、使用方便、性能稳定、测试准确、读数直观等优点,在突出矿井应用广泛。

该仪器由外壳、面板和肩带组成。在面板上装有流量显示器、进气嘴和换挡流量计。使用时用软管和快速密封接头将它们连接,瓦斯由进气嘴经过软管进入流量显示器和换挡流量计中,由于换挡流量计的节流作用,密封室内瓦斯压力升高,推动流量显示器指针摆动,从而测定煤层钻孔瓦斯涌出初速度。

（二）测定步骤和方法

测定仪的配套设备和连接如图 6-11 所示。

(1) 使用前检查测定仪的完好性,指针是否灵敏,过滤器是否清洁。检查指针的灵敏性时,将软管接入进气嘴吹气检测。

(2) 检查测试杆是否堵塞,气囊是否完好,秒表是否灵敏正常,弹簧秤是否正常,压力表是否正常,气门芯是否完好。

(3) 测试前再次检查压力表和软管气密性。检查时将打气筒

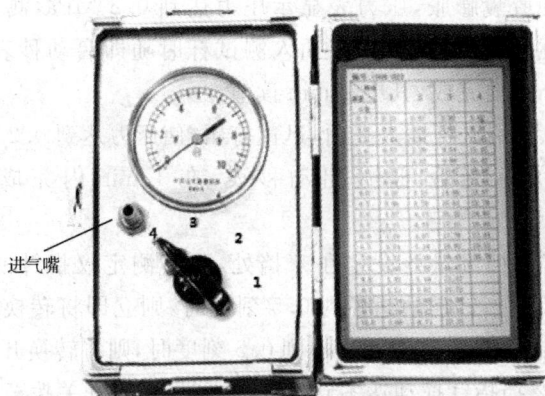

进气嘴

图 6-10　CWY30 型钻孔瓦斯涌出初速度测定仪实物图

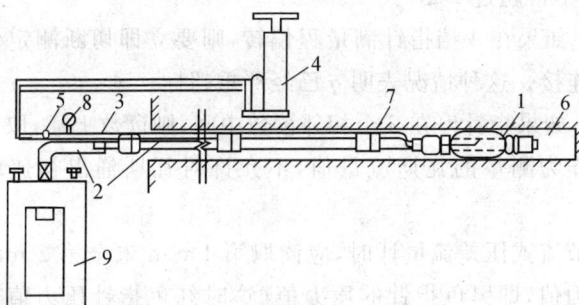

图 6-11　CWY30 型钻孔瓦斯涌出初速度测定仪连接示意图

1——胶囊封孔器;2——瓦斯排出管;3——充气管;4——打气筒;

5——阀门;6——测量室;7——钻孔;8——压力表;9——流量计

和压力表用软管连接好,然后打气检测。

(4)将换挡流量计旋转拨到 4 挡处,即最大挡位置。

(5)用软管连接封孔器和 CWY30 型钻孔瓦斯初速度测定仪。

(6)将测试杆按规定迅速插入测试钻孔内,并按要求快速连接、打气,使胶囊膨胀,压力表显示压力达到 0.2 MPa,测量钻孔密封室的瓦斯涌出初速度,在插入测试杆时随即启动秒表,整个过程在 2 min 内完成,其中 1 min 读值。

要求:① 测试杆插入孔内,迅速打压,使压力达到 0.2 MPa。

② 压力达到后,迅速启动秒表,在 1 min 内完成,记录数据。

(7) 将换挡流量计设定在 4 挡处,观察测定仪指针的情况。若在第 4 挡时指针摆动达不到 0.5 刻度时,则立即将转换开关拨至 3 挡;若在 3 挡指针摆动达不到 0.5 刻度时,则将转换开关拨至 2 挡;若在 2 挡指针摆动达不到 0.5 刻度时,则将开关拨至 1 挡。

当转换开关从一个挡位转换到另一个挡位时,必须又准又快,时间不得超过 2 s。

(8) 如果在 4 挡指针满量程偏转,则要立即切断测定仪和测试杆的连接。这种情况表明 q 已经严重超标。

(9) 如果指针停在 2 个相邻读数中间,则读数上靠,取其中的最大值作为测量的瓦斯流量值,不允许对瓦斯涌出初速度差值计算。

用节流式压差流量计时,应读取第 1 min 末至第 2 min 末的最大压力值,即黑色指针的压力值(这时红色指针压力值逐渐减小),该压力值所对应的流量即 q。

用煤气表测量时,打眼完第 1 min 末读取一个读数,到第 2 min末再读取一个读数,把第 2 min 末读数减去第 1 min 末读数即 q。

(10) 测试工作完成后,及时填写报表,如表 6-7、表 6-8、表 6-9所示。并把测试结果通知施工单位和汇报到通风调度备案,做到现场、汇报、报表三对照。

表 6-7　掘进工作面突出危险性预测预报(校检)通知单

工作面名称：				测试位置：				测试时间：　年　月　日　班　时		
测孔深度	1# 测试孔 (偏角：)			测孔深度	2# 测试孔 (偏角：)			测孔深度	3# 测试孔 (偏角：)		钻孔布置示意图 (断面和剖面图) 和打钻情况描述
	$q/(L$ /min)	$\Delta h_2/$ Pa	$S/(kg$ /m)		$q/(L$ /min)	$\Delta h_2/$ Pa	$S/(kg$ /m)		$q/(L$ /min)	$\Delta h_2/$ Pa	$S/(kg$ /m)	
测试结论											
测试工		防突队									
瓦检工		防突区 (科)									
安检员											
班组长		防突副总			总工程师						
跟班干部									注明尺寸：		

表 6-8　采煤工作面突出危险性预测预报(校检)通知单

工作面名称：					测试位置：		测试时间：　年　月　日　班　时
孔号	支架号码	测试孔深度 /m	测试值				钻孔布置示意图(断面和剖面图) 和打钻情况描述
			$q/(L$ /min)	$\Delta h_2/$ Pa	$S/(kg$ /m)	R	
							注明尺寸：
							测试结论
							测试人员 / 班组长
							瓦检工 / 跟班干部
							安检员 / 防突队
							防突区(科)
							防突副总
							总工程师

表 6-9　　　　掘进工作面防突技术措施终孔报告单

工作面名称：　　　测试位置：　　　　测试时间：　年　月　日　班　时

措施名称							钻孔布置示意图（断面和剖面图）和措施执行情况描述
孔号	孔径	钻孔方位角/(°)			钻孔深度/m		开孔时间	终孔时间	
		水平角	仰角	俯角	设计	实际		
								注明尺寸：
打钻负责人				安检员			防突副总
监钻人员				瓦检工			
跟班干部				防突队值班人			总工程师
防突科							

二、钻屑煤量 S 的测定

钻屑指标法是依据钻孔钻屑煤量及钻屑瓦斯解吸量越大，突出危险性越大的规律，来预测工作面突出危险性的。

钻屑煤量指标反映了煤与瓦斯突出机理的地应力、瓦斯和煤质 3 个主要因素，同时反映了工作面区域的应力和瓦斯的动力学状态，因此能较全面地显示出工作面突出的危险性。

（一）钻屑煤量的概念

钻屑煤量是指在煤层采掘工作面打钻时，所排出的全部煤钻屑,一般用打 1 m 钻孔的煤钻屑体积或质量来表示。理论和实践证明,在突出危险带内打钻孔时,所排出的钻屑煤量比一般煤层工作中的钻屑煤量大许多倍。原因是在突出危险带打钻时,瓦斯能量和地压能量得到释放,往往在钻孔内形成小型突出,该地带由于应力集中,煤层往往比较破碎,而且煤体结构破坏严重,使钻屑煤量增大。因此,钻屑煤量增大反映了工作面突出危险性增大。钻屑煤量指标不仅应用在煤与瓦斯突出预测中,也可用于冲击地压预测中。

(二) 钻屑煤量的质量和体积指标

质量指标:每钻进 1 m 所收集的钻屑质量(kg/m)。

体积指标:每钻进 1 m 所收集的钻屑体积(L/m)。

(三) 钻屑煤量的测定方法和步骤

采用钻屑指标法预测煤巷掘进工作面突出危险性时,在近水平、缓倾斜煤层工作面应向前方煤体至少施工 3 个、在倾斜或急倾斜煤层至少施工 2 个直径 42 mm、孔深 8～10 m 的钻孔,测定钻屑瓦斯解吸指标和钻屑量。

钻孔应尽可能布置在软分层中,一个钻孔位于掘进巷道断面中部,并平行于掘进方向,其他钻孔的终孔点应位于巷道断面两侧轮廓线外 2～4 m 处(图 6-12)。

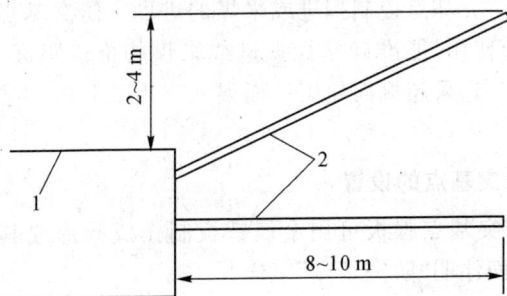

图 6-12　煤巷掘进工作面的突出危险性预测钻孔布置

1——巷道;2——钻孔

钻孔每钻进 1 m 测定该 1 m 段的全部钻屑量 S：在打钻现场装到量袋内，用弹簧秤称之；或装在量杯、量筒中，测其体积。沿钻孔长度测定后，记录在表 6-10 中待用。

表 6-10　　　　　　　　　　　**钻屑量记录表**

钻孔序号	钻屑量单位	钻孔深度/m									
		1	2	3	4	5	6	7	8	9	10
		钻屑煤量/(L/m 或 kg/m)									
1	质量/(kg/m)										
	体积/(L/m)										
2	质量/(kg/m)										
	体积/(L/m)										
3	质量/(kg/m)										
	体积/(L/m)										

第五节　防突基点的设置与检查

工作面经突出危险性预测或实施防突措施并经效果检验有效后，为能使工作面的允许掘进或采煤长度在现场得到有效落实，需要用防突基点控制掘进或采煤的进度。防突基点与防突排版有效配合使用，能准确掌握掘进或采煤的推进距离，从而控制其距离，避免超采超掘而使工作面误入突出危险范围造成突出事故的发生。

一、防突基点的设置

（1）防突基点牌板可用金属铁板制作成圆形或其他固定形状，并在上面注明"防突基点"字样。

（2）掘进工作面防突基点应设在距工作面 5 m 范围附近，并选定在稳固的支护或岩石上。选定在岩石上时，应进行打眼，在眼内放入木料或金属，并用水泥加以固定，然后固定好防突基点。如图 6-13 所示。

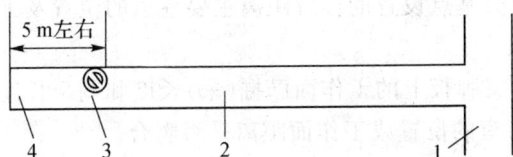

图 6-13　掘进工作面防突基点设置示意图

1——主要巷道；2——掘进巷道；3——防突基点；4——掘进工作面

（3）采煤工作面必须在运输巷和回风巷同时设立防突基点，防突基点应选择在距工作面 5 m 左右的稳定的支架或锚杆上。选择在支架上必须用铁丝固定；选择在锚杆上必须用铁丝固定或用锚杆螺丝固定。如图 6-14 所示。

在设置防突基点的现场必须用粉笔或油漆做出明显的标记。

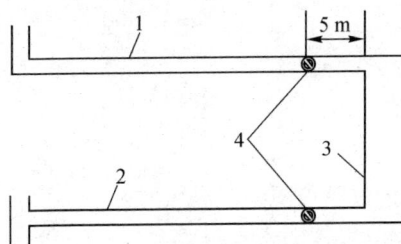

图 6-14　采煤工作面防突基点示意图

1——风巷；2——机巷；3——工作面；4——防突基点

（4）防突基点必须与防突牌板配套使用，基点距主要巷道的距离及工作面的距离必须在防突牌板上注明，以便于安全施工。

二、防突基点的检查

（1）经常检查防突基点的字迹是否清晰，防突基点有无损坏移动现象。

（2）防突基点设置的位置是否与粉笔或油漆注明的记号或位置一致。

（3）防突基点设置的位置距离主要巷道的位置及工作面的位置是否一致。

（4）防突牌板上的工作面已掘（采）长度和剩余长度与防突基点距主要巷道的位置或工作面距离是否吻合。

第三部分　中级工专业
知识和技能要求

第七章　煤与瓦斯突出规律及制定防突技术措施原则和要求

第一节　煤与瓦斯突出的分类及突出规律

一、煤与瓦斯突出的分类及特点

煤与瓦斯突出分类一般从突出现象及突出煤量来分类。

（一）按煤与瓦斯突出现象分类

1. 煤与瓦斯（二氧化碳）突出（简称突出）

（1）突出的主要原因：地应力、瓦斯（二氧化碳）压力和煤体结构的综合作用。

（2）实现突出的能量因素：煤内的高压瓦斯能，煤与围岩的弹性变形能。

（3）煤与瓦斯（二氧化碳）突出的特点：

① 抛出物有明显的气体搬运特征。表现为：分选性好，由突出地点向外突出物由大到小、颗粒由粗到细；抛出物的堆积角小于其自然安息角；大型突出时，突出煤可堆满巷道达数十米甚至数百米，堆积物顶部往往留有排瓦斯道。

② 突出物有大量极细的煤粉（由于高压气体对煤的破碎作用）。

③ 抛出煤的距离从数米到数百米，大型和特大型突出可达千米以上。

④ 喷出的瓦斯（二氧化碳）将大大超出煤层瓦斯含量，突出所

形成的冲击波和瓦斯(CO_2)风暴可逆风数十米、数百米,甚至更远,使风流逆转。

⑤ 动力效应大,能推倒矿车,破坏巷道和通风设备。

⑥ 孔洞形状呈腹大口小的梨形、舌形、倒瓶形,甚至形成奇异的分岔孔洞。

2. 煤与瓦斯的突然压出(简称压出)

(1) 实现压出的主要原因是:由于应力集中所产出的地应力作用。

(2) 实现压出的主要能量因素:煤与围岩的弹性变形能。

(3) 煤与瓦斯的突然压出特点是:

① 压出有两种形式,即煤的整体位移和煤有一定距离的抛出,但位移和抛出距离都很小。

② 压出后,在煤层和顶板之间的裂隙中常留有煤粉,整体位移的煤体上有大量的裂隙;有时是煤壁外鼓或底板底鼓。

③ 压出的煤呈块状,无分选现象。

④ 巷道瓦斯(CO_2)涌出量增大。

⑤ 孔洞呈腹大口小的楔形、唇形,有时无孔洞。

3. 煤与瓦斯的突然倾出(简称倾出)

(1) 发生倾出的主要原因是:地应力作用。

(2) 实现倾出的能量因素:煤的自重。

(3) 煤与瓦斯的突然倾出的特点是:

① 倾出的煤按自然安息角堆积,并无分选现象。

② 倾出常发生在煤质松软的急倾斜煤层中,倾出的煤距离较近,一般为几米,上山中可达十几米。

③ 喷出的瓦斯(CO_2)量取决于倾出的煤量及瓦斯含量,一般无逆风流现象。

④ 动力效应较小,一般不破坏工程设施。

⑤ 孔洞呈口大腹小的舌形、袋形,并沿煤层倾斜或铅垂方向

(厚煤层)延伸。

4. 岩石与二氧化碳(瓦斯)突出

我国的东北和西北个别矿井中,发生过岩石与二氧化碳(瓦斯)突出现象。

(1) 发生岩石与二氧化碳(瓦斯)突出的主要原因是地应力作用。

(2) 实现突出的能量因素是岩石的变形能和二氧化碳内能。

(3) 岩石与二氧化碳(瓦斯)突出特点是:

① 多在对砂岩进行爆破时产生。在炸药直接作用范围外发生岩石破坏、抛出等现象。

② 有突出危险的砂岩岩层松软,呈片状、碎屑状,并具有较大的孔隙率和二氧化碳(瓦斯)含量。

③ 突出的砂岩中,含有大量的砂粒和粉尘。

④ 巷道的二氧化碳(瓦斯)涌出量增大,二氧化碳(瓦斯)量取决于抛出的岩量及二氧化碳(瓦斯)含量。

⑤ 动力效应明显,破坏性较强。

⑥ 在岩体中形成与煤与瓦斯突出类似的孔洞。

(二) 按突出煤量分类

煤与瓦斯突出的规模有很大的差别,瓦斯突出的规模常用突出强度来表述。突出强度是指每次突出中抛出的煤(岩)量(t)和涌出的瓦斯量(m^3),因瓦斯量计量困难,通常以突出的煤(岩)量作为划分依据。一般分为四种:

(1) 小型突出:突出强度<100 t;

(2) 中型突出:100 t≤突出强度<500 t;

(3) 大型突出:500 t≤突出强度<1 000 t;

(4) 特大突出:突出强度≥1 000 t。

二、煤与瓦斯突出的规律

目前国际上还没有找到有效的防治煤与瓦斯突出的办法,随着开采深度的加大,煤与瓦斯突出事故呈持续上升趋势。由于煤与瓦斯突出的机理复杂,不同条件下有不同的突出形式。但从大量的突出案例中,总结出其煤与瓦斯突出的一般规律是:

(1) 突出与地质构造的关系——突出多发生在地质构造带内,如断层、褶曲和火成岩侵入区附近。

(2) 突出与瓦斯的关系——煤层中的瓦斯压力与含量是突出的重要因素之一。一般说来,瓦斯压力和瓦斯含量越大,突出的危险性越大。但突出与煤层的瓦斯含量和瓦斯压力之间没有固定的关系。瓦斯压力低、含量小的煤层可以发生突出;反之,瓦斯压力高、含量大的煤层也可能不突出,因为突出是多种因素综合作用的结果。

(3) 突出与地压的关系——地压愈大,突出的危险性愈大。当深度增加时,突出的次数和强度都可能增加;在集中压力区内突出的危险性增加。

(4) 突出与煤层构造的关系——煤层构造主要指煤的破坏类型和煤的强度。一般情况下煤的破坏类型愈高强度愈小,突出的危险性愈大,故突出多发生在软煤层或软分层中。

(5) 突出与围岩性质的关系——若煤层顶底板为坚硬而致密的岩层且厚度较大时,其集中应力较大,瓦斯不易排放,故突出危险性愈大;反之则小。若顶底板中具有容易风化和遇水变软的岩层时,将减少突出危险性。

(6) 突出与水文地质的关系——实践表明,煤层比较湿润,矿井涌水量较大,则突出危险性较小;反之则大。这是由于地下水流动,可带走瓦斯,溶解某些矿物,给瓦斯流动创造了条件。

(7) 煤与瓦斯突出多发生在掘进工作中,其中以石门揭煤和煤巷掘进居多。如义煤集团发生的 20 余次瓦斯突出中,回采工作面发生 1 次,煤巷掘进期间发生 16 次,石门(井筒)揭煤发生 3 次。

（8）煤层（特别是软分层）越厚，倾角越大，突出的次数越多，强度越大。

（9）突出常常发生在有外力冲击作用下，如爆破、震动打眼及落煤时。

（10）突出只发生在某些局部地带，其突出危险地带还不到突出煤层的10%。所以，对突出煤层进行突出危险性预测，然后对其突出倾向性进行分带，对预防突出、减少防突投入很有意义。

（11）突出具有延期性。突出的延期性变化就是震动爆破后没有诱导突出而是相隔一段时间后才发生突出。其延迟时间从几分钟到几小时。从义煤集团20余次突出统计中发现，突出主要发生在架棚、背帮、栽腿或擂煤的时候，最大一次突出的作业工序是打锚杆、挂网，并不全是发生在爆破落煤或是风镐作业环节，可见突出具有延时的特点。

（12）突出前一般有预兆。

第二节　制定防突技术措施的原则和要求

一、防治煤与瓦斯突出措施的分类

防治煤与瓦斯突出的技术措施分为两大类，即区域性措施和局部性措施。

区域性防突措施包括开采保护层和预抽煤层瓦斯两类。

局部性防突措施包括工作面预抽瓦斯、水力冲孔、排放钻孔、金属骨架、超前钻孔、煤体固化、松动爆破、水力疏松、注水湿润煤体或其他经试验证实有效的防突措施。

二、制定防突技术措施的基础工作

制定防突技术措施应做好以下基础工作：

（1）充分掌握瓦斯地质基础资料，综合分析本区域、工作面主要地质因素对突出的影响。

（2）取样测定本区域、工作面有关瓦斯地质参数。如煤的破坏类型、煤的坚固性系数、瓦斯放散初速度指标、煤层瓦斯压力、煤层瓦斯含量和煤层透气性系数等。

（3）正确进行区域、工作面的突出危险性预测，确定本区域、工作面的突出危险性等级。

（4）进行有关防突措施有效半径的测定工作。

三、制定防突技术措施的原则和要求

制定防突技术措施应遵循以下原则：

（1）因地制宜原则。选择任何防突技术措施都必须从本区域、工作面的实际出发，分析突出的主导原因和主要矛盾，采取相应的措施和技术参数，能有效抑制突出的发生。

（2）区域防突措施先行、局部防突措施补充的原则。

防突工作坚持区域防突措施先行、局部防突措施补充的原则。突出矿井采掘工作做到不掘突出头、不采突出面。未按要求采取区域综合防突措施的，严禁进行采掘活动。

区域防突工作应当做到多措并举、可保必保、应抽尽抽、效果达标。

（3）区域防突措施优先采用开采保护层原则。

应当优先采用开采保护层；突出危险区的煤层不具备开采保护层条件的，必须采用预抽煤层瓦斯区域防突措施并进行区域措施效果检验；预抽煤层瓦斯区域措施效果检验结果应当经矿技术负责人批准。

（4）突出矿井或突出煤层的巷道布置、地测工作、采掘作业、通风系统、电气设备的选择和电气作业应当符合《煤矿安全规程》和《防治煤与瓦斯突出规定》的要求。

（5）经济上合理的原则。任何防突措施均应考虑技术上可行、经济上合理的问题，必要时要进行经济比较，力争在确保安全

生产的前提下，降低成本，提高矿井的经济效益。

　（6）简便易行的原则。应考虑制定的防突措施简单、方便，职工易于掌握。

第八章　区域综合防突措施

第一节　突出危险性预测

突出危险性预测分为区域突出危险性预测和工作面突出危险性预测两种。

区域突出危险性预测即预测煤层、煤层的某一区域（井田、开采水平、采区）的突出危险程度。该预测应在地质勘探、新井建设、新水平和新采区开拓或准备时期进行。《防突规定》将区域预测划分为开拓前区域预测和开拓后区域预测。

工作面突出危险性预测即预测采掘工作面附近煤体的突出危险程度，应在采掘工作面推进过程中进行。有时可把工作面突出危险性预测称为突出点预报。

一、预测意义

（1）通过预测确定煤层、煤层某一区域和采掘工作面的突出危险性等级，以便按等级进行防突管理。这样就大大提高了防突的准确性，减少了盲目性。

对矿区或矿井来说，根据煤层突出危险性程度将煤层划分为突出煤层和非突出煤层。突出煤层是指在矿井井田范围内发生过突出的煤层或者经鉴定有突出危险的煤层。

对突出煤层，经区域预测后，突出煤层划分为突出危险区和无突出危险区。未进行区域预测的区域视为突出危险区。

在突出危险区域进行采掘活动，其突出危险性也不同，要进行工作面突出危险性预测,预测后划分为突出危险工作面和无突出危险工作面。未进行工作面预测的采掘工作面,应当视为突出危险工作面。

(2)在确保安全的前提下,节约大量的人力、物力,提高矿井的经济效益。

(3)指导防突措施的合理运用。依据预测的有关参数,结合工作面具体的瓦斯地质条件,可以确定适宜的防突技术措施和管理措施。

(4)随着检测仪器和手段的不断改善和现代化,使防突工作建立在更加科学、更加完善的基础上。

二、预测程序

(一)煤层的突出危险性评估

在地质勘探期间及建井前,新建矿井在可行性研究阶段所进行的"区域预测"活动。

1. 评估单位

由新建矿井组织进行。

2. 评估依据

来自地勘部门提供的井田地质报告。

对矿井内采掘工程可能揭露的所有平均厚度在 0.3 m 以上的煤层进行突出危险性评估。

3. 评估结论

评估后得出煤层是否有突出危险性。

4. 根据评估结论所采取的措施

当评估结果为有突出危险的煤层时,即按突出矿井进行设计,建井期间的揭煤作业也应按突出煤层管理,并且在井下现场实测煤层瓦斯参数,进行突出煤层的鉴定。

(二)突出煤层和突出矿井的鉴定

对煤层突出危险性评估后,发现矿井井田范围内有煤层具有突出危险性,则应对矿井进行突出煤层鉴定。若评估结果为各煤层均无突出危险,在建井期间可不进行突出煤层鉴定。

1. 鉴定单位

由具有煤与瓦斯突出危险性鉴定资质的单位进行。

2. 鉴定依据

(1)首先根据瓦斯动力现象。若出现下列情况之一的,应当立即进行突出煤层鉴定:第一,在建井期间若出现煤层有瓦斯动力现象的;第二,相邻矿井开采的同一煤层发生突出的;第三,煤层瓦斯压力达到或者超过 0.74 MPa 的。

(2)当动力现象特征不明显或者没有动力现象时,应当根据实际测定的煤层最大瓦斯压力 P、软分层煤的破坏类型、煤的瓦斯放散初速度 Δp 和煤的坚固性系数 f 等指标进行鉴定。

(3)鉴定单位也可以探索突出煤层鉴定的新方法和新指标。

3. 鉴定结论

经鉴定后确定煤层是突出煤层或非突出煤层。有突出煤层的矿井则定为突出矿井。

4. 对突出煤层和非突出煤层的认定

(1)对突出煤层的认定

应根据煤层动力现象或单项指标来认定。

① 根据动力现象认定。

在进行突出煤层鉴定时,如果有瓦斯动力现象而且根据其特征判断该动力现象属于煤与瓦斯突出,应直接鉴定为突出煤层。或者煤矿发生瓦斯动力现象造成生产安全事故,经事故调查认定为突出事故的,该煤层即为突出煤层,该矿井即为突出矿井。

② 根据单项指标认定(参见表 8-1)。

当煤的破坏类型为 Ⅲ、Ⅳ、Ⅴ 类,$\Delta p \geqslant 10$,$f \leqslant 0.5$,$P \geqslant 0.74$ MPa 时,这些指标同时满足要求,该煤层应确定为突出煤层。

表 8-1　　　　　　　突出煤层鉴定的单项指标临界值

煤层	破坏类型	瓦斯放散初速度 Δp	坚固性系数 f	瓦斯压力（相对压力） P/MPa
临界值	Ⅲ、Ⅳ、Ⅴ	$\geqslant 10$	$\leqslant 0.5$	$\geqslant 0.74$

（2）对非突出煤层的认定

没有瓦斯动力现象，并且单项指标又不在表 8-1 临界值范围内，该煤层应确定为非突出煤层。

（三）区域突出危险性预测

对鉴定后确定的突出煤层，要对其进行区域突出危险性预测。经过预测突出煤层划分为突出危险区和无突出危险区。

1. 预测单位

预测单位分两种情况。对已确切掌握煤层突出危险区域的分布规律，并有可靠的预测资料的，区域预测工作可由矿技术负责人组织实施；否则，应当委托有煤与瓦斯突出危险性鉴定资质的单位进行区域预测。

2. 阶段划分

区域预测分为开拓前区域预测和开拓后区域预测。

3. 预测依据

开拓前区域预测依据：当预测区域的煤层缺少或者没有井下实测瓦斯参数时，可以主要依据地质勘探资料、上水平及邻近区域的实测和生产资料等进行开拓前区域预测。

开拓后区域预测依据：主要依据预测区域煤层瓦斯的井下实测资料，并结合地质勘探资料、上水平及邻近区域的实测和生产资料等进行。

4. 预测结论

经区域预测后，突出煤层划分为突出危险区和无突出危险区。未进行区域预测的区域视为突出危险区。

5. 对突出危险区和无突出危险区的预测

(1)在上水平发生过一次突出的区域,下水平的垂直对应区域应预测为突出危险区。

(2)根据上水平突出点分布与地质构造的关系,确定突出点距构造线两侧的最远距离线,并结合地质部门提供的下水平或下部采区的地质构造分布,按照上水平构造线两侧的最远距离线,向下推测下水平或下部采区的突出危险区域,其要求是:

① 煤层瓦斯风化带为无突出危险区域。

② 根据突出点和明显的突出预兆与构造带的关系划分出突出危险区域(参见图 8-1)。

当突出点及具有明显突出预兆的位置分布与构造带有直接关系时,则根据上部区域突出点及具有明显突出预兆的位置分布与地质构造的关系确定构造线两侧突出危险区边缘到构造线的最远距离,并结合下部区域的地质构造分布划分出下部区域构造线两侧的突出危险区。

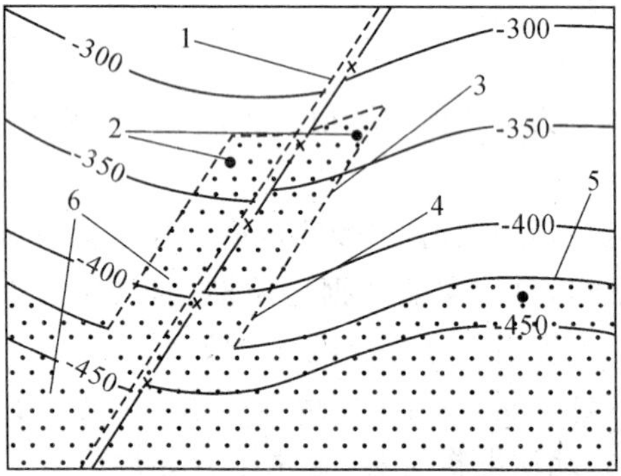

图 8-1 根据瓦斯地质分析划分突出危险区域示意图

1——断层;2——突出点;3—— 上部区域突出点在断层两侧的最远距离线;

4——推测的下部区域断层两侧的突出危险区边界线;

5——推测的下部区域突出危险区上边界线;6——突出危险区(阴影部分)

③ 若突出点及有明显突出预兆的位置与构造无关时,在同一地质单元内,突出点及具有明显突出预兆的位置以上 20 m(埋深)及以下的范围为突出危险区(如图 8-1 所示)。

④ 根据②、③划分出的无突出危险区和突出危险区以外的区域其是否为突出危险区的认定,应当根据煤层瓦斯压力 P 进行预测。如果没有或者缺少煤层瓦斯压力资料,也可根据煤层瓦斯含量 W 进行预测。预测所依据的临界值应根据试验考察确定,在确定前可暂按表 8-2 预测。

表 8-2　根据煤层瓦斯压力或瓦斯含量进行区域预测的临界值

瓦斯压力 P/MPa	瓦斯含量 W/(m³/t)	区域类别
<0.74	<8	无突出危险区
除上述情况以外的其他情况		突出危险区

（3）开拓后区域预测

除符合(2)所述条件以外,还应当符合下列要求:

① 预测所主要依据的煤层瓦斯压力、瓦斯含量等参数应为井下实测数据。

② 测定煤层瓦斯压力、瓦斯含量等参数的测试点在不同地质单元内根据其范围、地质复杂程度等实际情况和条件分别布置;同一地质单元内沿煤层走向布置测试点不少于 2 个,沿倾向不少于 3 个,并有测试点位于埋深最大的开拓工程部位。

6. 根据预测结论所进行的防突要求

（1）新建矿井在建井前若被评估为有突出危险的煤层,在建井期间的所有揭煤作业均按突出煤层处理,即揭煤前应首先采取区域综合防突措施。若被视为突出危险区,可直接采取区域防突措施,并进行效果检验和区域验证,不必再进行区域预测。

（2）经开拓前区域预测划分为突出危险区的煤层,在新水平、新采区开拓过程中的揭煤作业前也应先执行区域综合防突措施。

（3）经开拓前区域预测划分为无突出危险区的煤层进行新水平、新采区开拓，准备过程中的所有揭煤作业应当采取局部综合防突措施。

（4）经开拓后区域预测划分出的突出危险区，必须采取区域防突措施，一直到经检验有效为止。

第二节　区域防突措施

区域防突有两种方式：开采保护层和预抽煤层瓦斯。

一、开采保护层

1. 开采保护层的概念

所谓开采保护层是指在开采煤层群时，预先开采没有突出危险或突出危险小的煤层，使具有突出危险的煤层消除或削弱突出危险的一种开采方法，如图 8-2 所示。

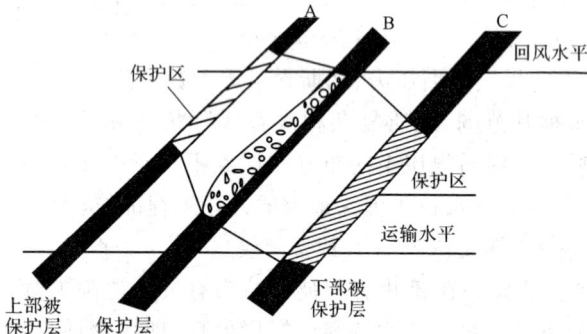

图 8-2　保护层与被保护层示意图

注：B 对 A 来讲是下保护层，对 C 来讲是上保护层，

应尽量开采上保护层，因开采下保护层同一水平不能受到保护

（1）保护层：为消除或削弱相邻煤层的突出或冲击地压危险而先开采的煤层或矿层。

（2）被保护层：滞后开采的具有突出或地压冲击危险的煤层。

（3）上保护层：位于被保护层之上的保护层。

（4）下保护层：位于被保护层之下的保护层。

2. 保护层的保护范围

（1）保护层沿倾斜方向的保护范围

保护层工作面沿倾斜方向的保护范围应根据卸压角 δ 划定，如图 8-3 所示。在没有本矿井实测的卸压角时，可参考表 8-3 的数据。

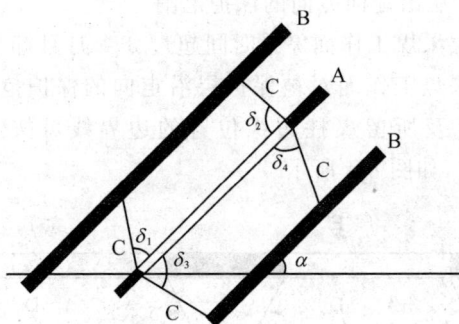

图 8-3 保护层工作面沿倾斜方向的保护范围
A——保护层；B——被保护层；C——保护范围边界线

表 8-3　　　　　　保护层沿倾斜方向的卸压角

煤层倾角 $\alpha/(°)$	卸压角 $\delta/(°)$			
	δ_1	δ_2	δ_3	δ_4
0	80	80	75	75
10	77	83	75	75
20	73	87	75	75
30	69	90	77	70

煤层倾角 α/(°)	卸压角 δ/(°)			
	δ_1	δ_2	δ_3	δ_4
40	65	90	80	70
50	70	90	80	70
60	72	90	80	70
70	72	90	80	72
80	73	90	78	75
90	75	80	75	80

（2）保护层沿走向方向的保护范围

若保护层采煤工作面停采时间超过 3 个月且卸压比较充分，则该保护层采煤工作面对被保护层沿走向的保护范围对应于始采线、采止线及所留煤柱边缘位置的边界线可按卸压角 $\delta_5 = 56°\sim60°$ 划定，如图 8-4 所示。

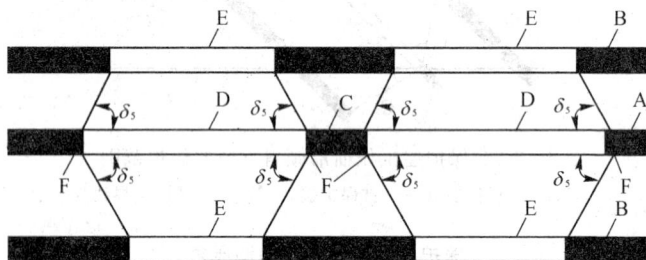

图 8-4　保护层工作面始采线、采止线和煤柱的影响范围

A——保护层；B——被保护层；C——煤柱；

D——采空区；E——保护范围；F——始采线、采止线

（3）最大保护垂距

保护层与被保护层之间的最大保护垂距可参照表 8-4 选取。

表 8-4　　　　保护层与被保护层之间的最大保护垂距

煤层类别	最大保护垂距/m	
	上保护层	下保护层
急倾斜煤层	<60	<80
缓倾斜和倾斜煤层	<50	<100

3. 开采保护层的条件

开采保护层适用于多煤层开采,并且多煤层中有无突出危险性的煤层或弱突出危险性的煤层,在对其开采后,再对有突出危险性的煤层进行开采时,不会发生突出或突出危险性变弱的情况。有时虽然是单一突出危险煤层,但其上下有无突出危险性的软岩层,也可采用首先开采保护层的方法开采。

4. 开采保护层的原理

开采保护层后,由于周围岩层及煤层发生向采空区的移动,引起应力重新分布,采空区上方形成自然冒落拱,将压力传递给采空区以外的岩层来承受,这样就对周围的岩层和煤层产生了采动影响,被保护层的应力分布、变形状态和瓦斯情况都将发生重大变化。

保护层开采后,由于采空区的岩石冒落和移动,引起开采煤层周围应力的重新分布,采空区的上、下方形成应力降低(卸压)区,在这个区域的未开采煤层(被保护层)将发生下述变化:

(1)地压减小,弹性潜能得以缓慢释放。

(2)煤层因卸压而膨胀变形,透气性增大,所以,瓦斯能沿层间受采动影响形成的裂隙、裂缝大量排放到保护层的采空区内,使煤层的瓦斯压力和瓦斯含量都明显下降。

(3)煤的强度增大。被保护层中瓦斯排放的结果是使煤的强度增大。据测定,开采保护层后,被保护层的硬度系数由 0.3～0.5 增大到 1.0～1.5,比原来增大 3 倍左右。

　　综上所述,保护层开采后,被保护层的地压减小、瓦斯压力和瓦斯含量下降,消除或减弱了引起突出的两个动力因素——地压和瓦斯的作用,即突出的作用力减小,而煤的强度变硬,增加了阻碍突出的阻力因素的作用,即突出的反作用力增大了。所以,当开采保护层后,就使得在卸压区范围内开采被保护层时,不再发生煤与瓦斯突出。

　　5. 开采保护层应注意的事项

　　(1) 选择保护层必须遵守下列规定:

　　① 在突出矿井开采煤层群时,如在有效保护垂距内存在厚度0.5 m 及以上的无突出危险煤层,除因突出煤层距离太近而威胁保护层工作面安全或可能破坏突出煤层开采条件的情况外,首先开采保护层。有条件的矿井,也可以将软岩层作为保护层开采。

　　② 当煤层群中有几个煤层都可作为保护层时,综合比较分析,择优开采保护效果最好的煤层。

　　③ 当矿井中所有煤层都有突出危险时,选择突出危险程度较小的煤层作保护层先行开采,但采掘前必须按《防突规定》的要求采取预抽煤层瓦斯区域防突措施并进行效果检验。

　　④ 优先选择上保护层。在选择开采下保护层时,不得破坏被保护层的开采条件。

　　(2) 开采保护层应当符合下列要求:

　　① 开采保护层时,同时抽采被保护层的瓦斯。

　　② 开采近距离保护层时,采取措施防止被保护层初期卸压瓦斯突然涌入保护层采掘工作面或误穿突出煤层。

　　③ 正在开采的保护层工作面超前于被保护层的掘进工作面,其超前距离不得小于保护层与被保护层层间垂距的 3 倍,并不得小于 100 m。

　　④ 开采保护层时,采空区内不得留有煤(岩)柱。特殊情况需留煤(岩)柱时,经煤矿企业技术负责人批准,并做好记录,将煤

（岩）柱的位置和尺寸准确地标在采掘工程平面图上。每个被保护层的瓦斯地质图应当标出煤（岩）柱的影响范围，在这个范围内进行采掘工作前，首先采取预抽煤层瓦斯区域防突措施。

当保护层留有不规则煤柱时，按照其最外缘的轮廓划出平直轮廓线，并根据保护层与被保护层之间的层间距变化，确定煤柱影响范围。在被保护层进行采掘工作时，还应当根据采掘瓦斯动态及时修改。

二、预抽煤层瓦斯

1. 预抽煤层瓦斯的条件

《防突规定》指出：突出危险区的煤层不具备开采保护层条件的，必须采用预抽煤层瓦斯区域防突措施并进行区域措施效果检验。

预抽煤层瓦斯也是一种区域性的防治煤与瓦斯突出的措施，即在突出危险煤层采掘工作之前，进行大面积的预先抽采瓦斯，以降低或消除突出危险。瓦斯压力是造成突出的因素之一，当煤层瓦斯压力降到 1 MPa 以下时，就有减小和消除发生突出的可能。钻孔预抽煤层瓦斯是预先抽采出煤层中的瓦斯，卸除瓦斯压力防治突出的一项基本措施。它主要用于单一煤层或无保护层可采的突出危险煤层，不仅适用于区域性防治突出，而且也可以作为局部性的防突措施。

2. 预抽煤层瓦斯的原理

预抽煤层瓦斯实质上就是抽放开采煤层瓦斯或本煤层瓦斯，主要是通过预先抽放瓦斯以消除或减小煤层的突出危险性，其次也可减少采掘过程中的瓦斯涌出。

预抽煤层瓦斯的作用原理，即是利用均匀布置在突出危险煤层内的大量钻孔，经过一定时间预先抽放瓦斯，以降低突出危险煤层中的瓦斯含量和瓦斯压力，从而使煤层弹性能变小，煤体应力下降，相应地使煤体的强度和煤层的透气性增加，促进煤体中瓦斯的排放,使被抽放煤层减小或消除突出的危险性,以达到防突的目的。

3. 预抽煤层瓦斯的方式选择

选用不同的预抽煤层瓦斯的方式,对预抽操作人员的安全有很大影响。选用时按照下面的先后顺序选取,或一并采用多种方式的预抽煤层瓦斯措施。

(1)地面井预抽煤层瓦斯。

(2)井下穿层钻孔或顺层钻孔预抽区段煤层瓦斯。

(3)穿层钻孔预抽煤巷条带煤层瓦斯。

(4)顺层钻孔或穿层钻孔预抽回采区域煤层瓦斯。

(5)穿层钻孔预抽石门(含立、斜井等)揭煤区域煤层瓦斯。

(6)顺层钻孔预抽煤巷条带煤层瓦斯等。

4. 对预抽煤层瓦斯的钻孔控制范围及布孔要求

依据《防突规定》,采取各种方式的预抽煤层瓦斯区域防突措施时,应当符合一些要求。这些要求参照第十章第二节中"穿层和顺层防突钻孔施工的安全隐患排查"的有关规定。

5. 预抽煤层瓦斯方法

预抽煤层瓦斯的方法有以下3种:

(1)巷道预抽本煤层瓦斯

即在回采前1～3年掘出瓦斯巷道(同时要考虑采煤工作需要,也叫采准巷道),然后将巷道封闭,在密闭上插入抽放瓦斯的管子,进行抽放,一直抽到回采开始时为止。

这种方法的优点是,煤体卸压范围大,煤的暴露面积大,有利于瓦斯释放。缺点是提前送巷,开采时巷道维修量大;在瓦斯含量大的煤层掘进时,瓦斯涌出量大,掘进困难;若密闭不严易进气,抽出的瓦斯浓度低;且巷道内易引起自然发火,对透气性低的煤层效果不好。此法目前很少应用。

(2)打穿层钻孔预抽本煤层瓦斯

　　即在开采煤层底板(或顶板)岩层中打一条与煤层走向平行的巷道,在此巷道中每隔 30 m 掘一个 10~15 m 的短石门作为钻场(因此也称钻场法),钻场距煤层要留有一段距离(一般为 5~10 m),在每个钻场内向煤层打 3~5 个钻孔,如图 8-5 所示。为了减少钻孔工程量,一般每个钻场只打 3 个钻孔。中间的钻孔呈70°仰角,不向左右偏斜,两侧为水平孔,3 个钻孔的终点在煤层顶板(或底板)中呈等距离分布(即构成等边三角形)。钻孔应穿透煤层打入岩层 0.5~1.0 m,钻孔直径一般为 70~100 mm。抽放负压为 500~1 500 Pa。

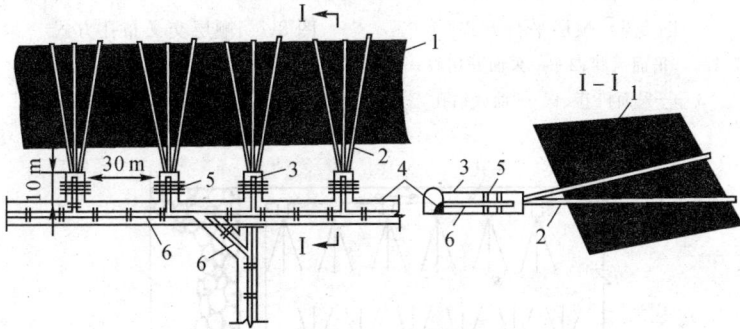

图 8-5　穿层钻孔预抽本煤层瓦斯

1——煤层;2——钻孔;3——钻场;4——运输大巷;5——密闭;6——抽放瓦斯管道

　　这种方法的优点是,钻孔贯穿煤层,瓦斯很容易沿层理面流向钻孔,有利于提高抽放效果;其次抽放工作是在掘进和回采之前进行的,对生产没有影响,而且能减少生产过程中的瓦斯涌出量。缺点是被抽煤层未卸压,煤层透气性系数很小的煤层抽放效果往往不好。为了提高抽放效果,对透气性较差的煤层,可采用水力割缝和水力压裂的新工艺。

　　(3) 顺层长钻孔抽放瓦斯

　　钻孔在采煤工作面机巷和风巷掘进期间同时施工,掘进和打钻抽放可平行作业,边掘边抽,在开切眼附近钻孔施工完毕,布孔方式有顺层平行布孔、顺层交叉布孔和扇形布孔等几种方式,如图 8-6、图 8-7 和图 8-8 所示。

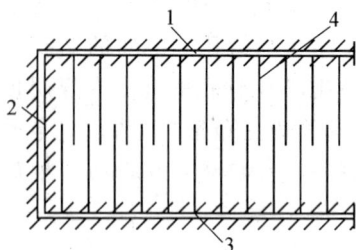

图 8-6　顺层平行方式

1——采面风巷;2——采面开切眼;
3——采面机巷;4——抽放钻孔

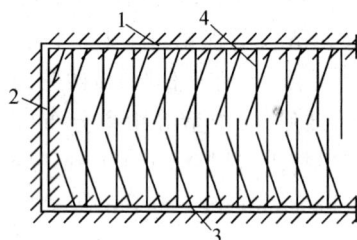

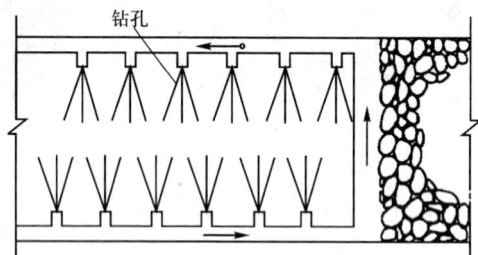

图 8-7　顺层交叉布孔方式

1——采面风巷;2——采面开切眼;
3——采面机巷;4——抽放钻孔

图 8-8　顺层扇形布孔方式

第三节　区域措施效果检验

一、开采保护层区域防突措施检验要求

1. 检验指标和方法

(1) 主要指标:采用残余瓦斯压力、残余瓦斯含量、顶底板位移量及其他经试验证实有效的指标和方法。

（2）试验指标：其他经试验证实有效的指标和方法。该指标的研究试验应当由具有突出危险性鉴定资质的单位进行，并在试验前由煤矿企业技术负责人批准。

（3）辅助指标：结合煤层的透气性系数变化率等辅助指标。

2. 指标取得方式

指标用直接测定法取得。

3. 判断和划分的临界值

效果检验指标的临界值应当由具有突出危险性鉴定资质的单位进行试验考察确定，在试验前和应用前应当由煤矿企业技术负责人批准。在确定前可以按照如下指标进行评判：当残余瓦斯压力$\geqslant 0.74$ MPa，或残余瓦斯含量$\geqslant 8$ m^3/t，应判断为突出危险区，保护效果为无效。

二、预抽煤层瓦斯区域防突措施检验要求

1. 检验指标

（1）主要指标：残余瓦斯压力或残余瓦斯含量。

（2）试验指标：其他经试验证实有效的指标和方法。该指标的研究试验应当由具有突出危险性鉴定资质的单位进行。

（3）采用钻屑瓦斯解吸指标。本指标是对穿层钻孔预抽石门（含立、斜井等）揭煤区域煤层瓦斯区域防突措施的检验。

2. 指标取得方式

指标取得一般有直接测定法和间接计算法两种。对于穿层钻孔预抽石门（或立、斜井）揭煤区域煤层瓦斯区域防突措施的效果检验，还可以采用钻屑瓦斯解吸指标进行检验。

对区域狭小的防突措施进行检验时，采用直接测定法，而不能采用间接计算法。如：预抽煤巷条带煤层瓦斯和穿层钻孔预抽石门（含立、斜井等）揭煤区域煤层瓦斯。

对范围较大区域的检验可采用直接测定法和间接计算法两种方法。间接计算值是预抽前的瓦斯含量减去预抽或预排瓦斯量所得值。

3. 判断和划分的临界值

效果检验指标的临界值应当由具有突出危险性鉴定资质的单位进行试验考察确定,在试验前和应用前应当由煤矿企业技术负责人批准。在确定前可以按照如下指标进行评判:当残余瓦斯压力$\geqslant 0.74$ MPa,或残余瓦斯含量$\geqslant 8$ m³/t,应判断为突出危险区,预抽防突效果为无效。

采用钻屑瓦斯解吸指标的临界值有干湿煤样之分。干煤样Δh_2和K_1指标临界值分别为200 Pa和0.5 mL/(g · min$^{1/2}$),湿煤样分别为160 Pa和0.4 mL/(g · min$^{1/2}$)。达到或超过这一指标应判断为突出危险区,预抽防突效果为无效。

4. 防突措施无效判定原则及无效区范围划定

当钻孔等作业出现喷孔、顶钻及其他明显突出预兆时;或当采用直接测定的残余瓦斯压力或残余瓦斯含量进行检验时,若某一点的指标测定值达到或超过了临界值,则判定为预抽防突效果无效。则在此点周围半径100 m范围内(图8-9)均判定为预抽防突效果无效,应补充预抽钻孔或继续进行抽放。

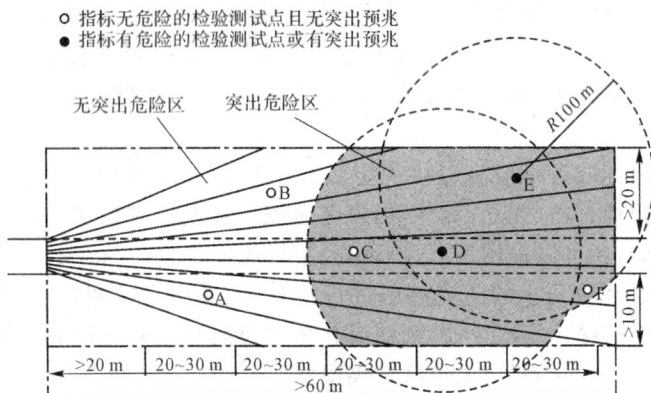

图 8-9　用直接测定参数或明显突出预兆检验
预抽煤层瓦斯区域防突措施示意图

三、依据直接测定法预抽煤层瓦斯区域防突措施效果检验时指标测试点的分布要求

1. 测试点

测试点是指测定残余瓦斯压力时的气室的位置和测定残余瓦斯含量时测试煤样原来所在的煤层位置。

2. 对穿层钻孔或顺层钻孔预抽区段煤层瓦斯区域防突措施进行效检时的要求

如果区段宽度（两侧回采巷道间距加回采巷道外侧控制范围）或采煤工作面长度小于或等于120 m,可以沿采煤工作面的推进方向每间隔30～50 m至少布置一个测试点即能够满足安全要求（图8-10中A－B部分）;如果区段宽度大于120 m,则预抽范围的宽度较大,要求沿工作面推进方向每隔30～50 m至少布置两个测试点（图8-10中B－C部分）。具体测试点位置还要根据所在部位（小区域）的预抽钻孔分布情况确定。

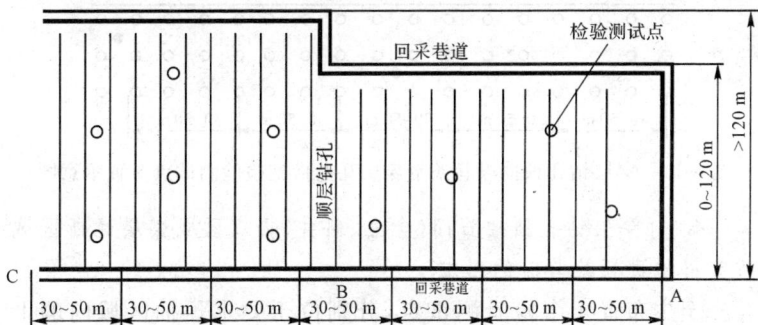

图8-10　预抽区段煤层瓦斯措施及预抽
回采区域煤层瓦斯措施检验测试点布置示意图

此外,预抽区段煤层瓦斯的钻孔在回采区域煤层和煤巷条带采用了不同的布置方式（如:一个是穿层钻孔而另一个是顺层钻孔;一个是走向顺层钻孔另一个是倾向顺层钻孔等）,应分别对其

回采区域和煤巷条带,按预抽回采区域煤层瓦斯区域防突措施和穿层钻孔预抽煤巷条带煤层瓦斯区域防突措施的检验要求分别进行检验。

对于每隔30～50 m间距的实际取值问题,一般当区域内抽采钻孔的间距比较均匀、施工和抽采时间差别较小、地质构造简单时,可适当取大值,反之,则宜取小值。这个原则对于煤巷条带预抽的效果检验也是一样的。

3. 对穿层钻孔预抽煤巷条带煤层瓦斯区域防突措施的效检要求

由于这个区域是个狭长的条带,所以,只在条带内沿设计的煤巷走向每隔30～50 m布置1个或1个以上的测试点即可(图8-11)。

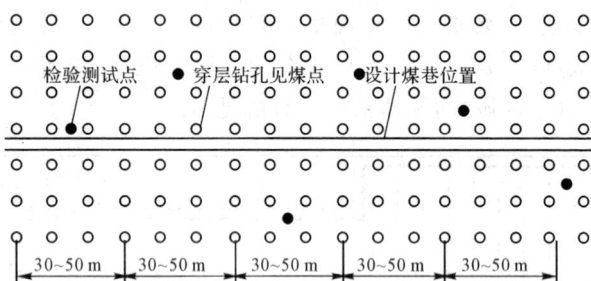

图 8-11   穿层钻孔预抽煤巷条带煤层瓦斯措施检验测试点布置示意图

4. 对穿层钻孔预抽石门(含立、斜井)揭煤区域煤层瓦斯区域防突措施进行检验时的要求

至少布置 4 个检验测试点,分别位于要求预抽区域内的上部、中部和两侧,并且至少有 1 个检验测试点位于要求预抽区域内距边缘不大于 2 m 的范围(图 8-12)。

5. 采用顺层钻孔预抽煤巷条带煤层瓦斯区域防突措施时的要求

由于每个穿层钻孔基本是以点阵方式分布在预抽区域的,而

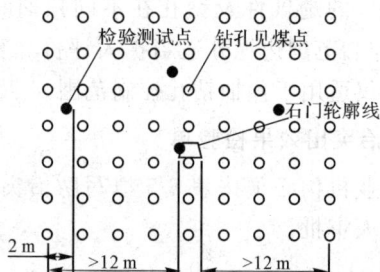

图 8-12　穿层钻孔预抽石门揭煤区域措施检验测试点布置示意图

顺层钻孔则一般是由掘进工作面向前方发散出去的,距工作面的不同位置钻孔的密度有很大差别。所以,顺层钻孔条带预抽的检验测试点布置要求要比穿层钻孔预抽密一点。

即在煤巷条带内沿设计的巷道走向每隔 20～30 m 至少布置一个测试点。同时无论条带长度多少,每个检验区域均不得少于 3 个测试点。

6. 各种方式预抽煤层瓦斯区域防突措施效检的共同要求

各检验测试点应布置于所在部位钻孔密度较小、孔间距较大、预抽时间较短的位置,并尽可能远离测试点周围的各预抽钻孔或尽可能与周围预抽钻孔保持等距离,且避开采掘巷道的排放范围和工作面的预抽超前距。在地质构造复杂区域适当增加检验测试点。

四、采用间接计算的残余瓦斯含量指标进行预抽煤层瓦斯区域防突措施效检方法要求

(1)当预抽区域内钻孔的间距和预抽时间差别较大时,则应按照孔间距、预抽时间相近的原则划分成若干小区域,然后对每个小区域分别单独计算原始瓦斯储量和抽、排瓦斯量,并计算其残余瓦斯含量值。

(2)若预抽钻孔控制边缘外侧为未采动煤体,在计算检验指标时根据不同煤层的透气性及钻孔在不同预抽时间的影响范围等情况,在钻孔控制范围边缘外适当扩大评价计算区域的煤层范围。但检验结果仅适用于预抽钻孔控制范围。

五、填写防治突出效果检验单

防治突出专业机构必须按表 8-5 填写防治突出效果检验单,并报矿技术负责人审批。

表 8-5　　　　防治突出技术措施效果检验报告单

局　　　　　矿　　　　　井(坑)

煤层		地点		检验时间	年　月　日
采用的防突技术措施					
措施名称及方案设计			措施施工情况		
措施效果检验					
检验方法			实测数据		
检验意见					
矿技术负责人			防突队队长		
防突(通风)科(区)长			检验人		

第四节　区域验证

一、石门揭煤工作面的区域验证

1. 区域验证对象

针对区域预测所划分出的每一个无突出危险区,或者经效检证实达到区域防突效果的区域。

2. 验证方法

区域验证方法与石门揭煤工作面突出危险性预测方法相同,

即采用综合指标法、钻屑瓦斯解吸指标法或其他经试验证实有效的方法进行。

二、在煤巷掘进工作面和采煤工作面的区域验证

1. 区域验证对象

针对采、掘工作面所划分出的无突出危险区,或者经效检证实达到区域防突效果的区域。

2. 验证方法

(1) 对煤巷掘进工作面采用钻屑指标法、复合指标法、R 值指标法、其他经试验证实有效的方法。

(2) 对采煤工作面的验证方法与煤巷掘进工作面的验证方法相同。但要求应沿采煤工作面每隔 10～15 m 布置一个验证孔,深度为 5～10 m。

3. 在采掘工作面的区域验证应遵循的要求

(1) 在工作面进入该区域时,立即连续进行至少两次区域验证。

在采掘工作面由石门或者由另一个区域进入某个区域时,在进行第一个循环的采、掘作业前必须进行首次区域验证。在首次区域验证并保留工作面预测超前距进行采、掘作业后,还要进行第二次区域验证,即连续进行至少两次区域验证。

(2) 工作面每推进 10～50 m 至少进行两次区域验证。

在进入该区域后,工作面每推进 10～50 m 都要进行至少两次区域验证,但这两次可不必连续进行,而且只要每次验证都没有突出危险,则说明在一定范围内的煤层都没有突出危险,也不必保留预测超前距。

区域验证的 10～50 m 的间隔,在不同的情况下取不同的数值。在地质构造简单的区域,在受到保护层有效保护的区域,可以间隔大一些;而在地质构造复杂区域,或经实施预抽煤层瓦斯区域防突措施并经效果检验为无危险区的,则应适当减小区域验证的间隔。

（3）在构造破坏带连续进行区域验证。

在工作面进入地质构造破坏带后，应连续进行区域验证，直到离开破坏带为止。即在构造破坏带内每次验证后都要在保留足够的预测超前距的条件下进行采、掘作业，然后再次实施区域验证。

（4）在煤巷掘进工作面还应当至少打1个超前距不小于10 m的超前钻孔或者采取超前物探措施，探测地质构造和观察突出预兆。

三、对区域验证结果的处理

当采掘工作面在该区域首次进行区域验证，验证后若结果为无危险，仍要保留突出预测超前距，然后再进行第二次验证。只有在第二次验证也无危险时，方可不用保留突出预测超前距。其他的区域验证结果为无危险时，均可在采取安全防护措施的前提下进行采掘作业，只要保证每隔10～50 m进行至少两次区域验证即可。

只要在该区域内的任何一次区域验证为有突出危险或者超前钻孔等发现了突出预兆时，则在该区域从此以后进行的采掘作业都要执行局部综合防突措施。

第九章 瓦斯防突工中级工技能要求

第一节 煤的坚固性系数的测定

一、仪器设备及测定原理

测定煤的坚固性系数 f 需要捣碎筒、计量筒、分样筛（孔径 20 mm、30 mm 和 0.5 mm 各 1 个）、天平（最大称量 1 000 g，感量 0.5 g）、小锤、漏斗、容器，使用的主要设备如图 9-1 所示。

测定 f 值的基本原理是：在重锤的冲击下，测定一定质量的煤样受冲击后的粉煤量大小。粉煤量大，说明煤的抵抗外力破坏的能力小，所以 f 值就小。f 值越小，突出危险性越大，f 值 $\leqslant 0.5$ 时，煤层有突出危险。反之，粉煤量小，说明煤不容易被破坏，f 值就大。当坚固性系数大于 0.5 时，煤层比较坚硬，此时瓦斯压力与地应力难以破坏煤层，所以当其值大于 0.5 时，煤层就不会突出。测定时，从现场取样在实验室内进行。

二、采样与制样

（1）沿新暴露的煤层厚度的上、中、下部各采取块度为 10 cm 左右的煤样两块，在地面打钻取样时应沿煤层厚度的上、中、下部采取块度为 10 cm 的煤芯两块。煤样采出后应及时用纸包上并浸蜡封固（或用塑料袋包严）以免风化。

（2）煤样要附有标签，注明采样地点、层位、时间等。

（3）在煤样携带、运送过程中应注意不得摔碰。

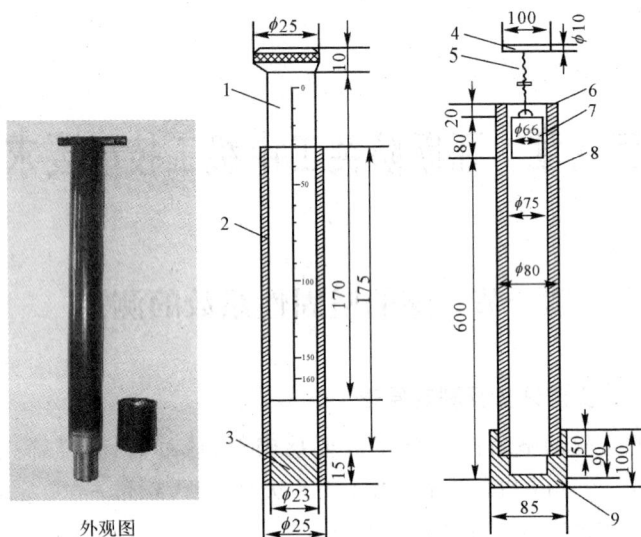

图 9-1　坚固性系数测定装置图

1——量柱(硬铝);2——量筒(硬铝,与量柱滑动配合);3——底塞(硬铝,与量筒
紧配合后用螺丝固定);4——手柄(木);5——绳索;6——销(45 号钢);
7——落锤(45 号钢,质量为 2.4 kg);8——桶(钢);9——臼(45 号钢,
量柱刻度为 mm,当量柱接触到底塞时量筒上的边缘对齐量柱零点)

（4）把煤样用小锤碎制成 20～30 mm 的小块,用孔径为 20 mm或 30 mm 的筛子筛选。

（5）称取制备好的试样 50 g 为 1 份,每 5 份为 1 组,共称取 3 组。

三、测定步骤

（1）将捣碎筒放置在水泥地板或 2 cm 厚的铁板上,放入试样 1 份,将 2.4 kg 重锤提高到 600 mm 高度,使其自由落下冲击试样,每份冲击 3 次,把 5 份捣碎后的试样装在同一容器中。

（2）把每组（5 份）捣碎后的试样一起倒入孔径 0.5 mm 分样

筛中筛分,筛至不再露下煤粉为止。

(3)把筛下的粉末用漏斗装入计量筒内,轻轻敲打使之密实。然后轻轻插入具有刻度的活塞尺与筒内粉末面接触。在计量筒口相平处读取数值 L(即粉末在计量筒内实际测量高度。读至毫米)。

当 $L \geqslant 30$ mm 时,冲击次数 n 即可定为 3 次,按以上步骤继续进行其他各组的测定。

当 $L < 30$ mm 时,第一组试样作废,每份试样冲击次数 n 改为 5 次,按以上步骤进行冲击、筛分和测量,仍以每 5 份作 1 组,测定煤粉高度 L。

(4)坚固性系数的计算:

$$f = 20n/L$$

式中　f——坚固性系数;

　　　n——每份试样冲击次数,次;

　　　L——每组试样筛下煤粉的计量高度,mm。

测定平行样 3 组(每组 5 份),取算术平均值,计算结果取一位小数。

(5)软煤坚固性系数的确定:

如果取得的煤样粒度达不到测定 f 值所要求粒度(20～30 mm),可采取粒度为 1～3 mm 的煤样按上述要求进行测定,并按下式换算:

当 $f_{1\sim3} > 0.25$ 时,$f = 1.57\ f_{1\sim3} - 0.14$

　　$f_{1\sim3} \leqslant 0.25$ 时,$f = f_{1\sim3}$

式中　$f_{1\sim3}$——粒度为 1～3 mm 时煤样的坚固性系数。

第二节　瓦斯压力测定

煤层的瓦斯压力是矿井瓦斯基本参数之一,它对煤层突出危险性评价、确定煤层瓦斯赋存规律,进行矿井瓦斯涌出治理,瓦斯抽放以及煤与瓦斯突出的防治等工作均具有十分重要的意义。煤层瓦斯压力分为原始瓦斯压力和残存瓦斯压力:当煤层未受采动影响而处于原始赋存状态时,煤中平衡瓦斯压力称之为煤层原始瓦斯压力;当煤层受采动影响涌出一部分瓦斯后,煤层中残留瓦斯的压力大小称之为煤层残存瓦斯压力。

目前,煤层瓦斯压力测定方法可分为两种,即:直接测定方法和间接测定方法。下面介绍直接测定方法。

一、测定原理和方法

(1)原理:通过钻孔揭露煤层,安设测定仪表并密封钻孔,利用煤层中瓦斯的自然渗透原理测定在钻孔揭露处达到平衡的瓦斯压力。

(2)方法分类:按测压方式分主动测压法和被动测压法。

① 主动测压法:钻孔封完孔后,通过钻孔向被测煤层充入补偿气体达到瓦斯压力平衡而测定煤层瓦斯压力的测压方法。补偿气体可选用高压氮气(N_2),高压二氧化碳气体(CO_2)或其他惰性气体。补偿气体的充气压力应略高于预计煤层瓦斯压力。

② 被动测压法:钻孔封完孔后,通过被测煤层瓦斯的自然渗透,达到瓦斯压力平衡而测定其瓦斯压力的测压方法。

二、设备、材料、仪表、工具

1. 钻孔设备

钻机。钻头直径选用 65~90 mm。

2. 材料

木楔,压力表连接头,密封垫,密封带以及真空密封膏。根据封孔方法不同,还需黄泥、水泥、胶囊及黏液等。

3. 仪表

压力表。量程为预计煤层瓦斯压力的 1.5 倍,准确度优于

1.5 级,必须符合 JJG 52 的规定。

4. 工具

管钳,扳手,剪刀,皮尺,水桶,螺丝刀,手工封孔送料管等。根据封孔和测压不同情况,还需要注浆泵、高压气罐及连接装置。

三、瓦斯压力测定

1. 测定地点的选择原则

同一地点应打两个测压钻孔,钻孔距离应在其相互影响范围外,其见煤点的距离除石门测压外应不小于 20 m;测定地点应选择在石门或岩巷中;钻孔应避开地质构造裂隙带、巷道的卸压圈和采动影响范围;测压见煤点应避开地质构造裂隙带、巷道、采动及抽放等的影响范围;选择瓦斯压力测定地点应保证有足够的封孔深度;瓦斯压力测定地点宜选择在进风系统,行人少且便于安设保护栅栏的地方。

2. 钻孔施工应遵循的原则

(1) 钻孔的开孔位置应选在岩石完整的位置。

(2) 钻孔施工应保证钻孔平直、孔形完整,穿层测压钻孔宜穿煤层全厚。

(3) 钻孔施工好后,应立即清洗钻孔,保证钻孔畅通。

(4) 在钻孔施工中应准确记录钻孔方位、倾角、长度、钻孔开始见煤长度及钻孔在煤层中长度,钻孔开钻时间、见煤时间及钻毕时间。

3. 封口前准备及检查

封孔前按选用的封孔方法准备好封孔材料、仪表、工具等;检查测压管是否通畅及其与压力表连接的气密性;钻孔为下向孔时应将钻孔水排除。

4. 不同材质其封孔深度及适用条件

(1) 钻孔施工完后应在 24 h 内完成封孔工作。

(2) 封孔深度应超过钻孔施工地点巷道的影响范围。

（3）黄泥（水泥）封孔测压：封孔长度应不小于 5 m，一般为 10 m。测压处岩石坚硬、少裂隙。一般用于穿层钻孔测压。

（4）注浆封孔测压：封孔深度不小于 12 m。适用于煤层群分层测压、松软岩层或煤巷测压、穿层钻孔测压。

煤层群分层测压时应封堵至被测煤层在钻孔侧的顶板或底板；用于煤层钻孔测压时，钻孔长度≥15 m。

（5）胶圈黏液封孔测压：封孔深度应不小于 10 m。适用于松软岩层穿层钻孔测压或本煤层煤巷测压。

5. 应尽可能加长测压钻孔的封孔深度

本煤层测压孔封孔应保证其测压气室长不小于 1.5 m，穿层测压孔的封孔不宜超过被测煤层在钻孔侧的顶板或底板。

6. 压力测定

（1）被动法测定煤层压力

被动法测定煤层压力一般要在 30 d 以上，至少 3 d 观测记录 1 次。当压力变化小于 0.005 MPa/d 时，测压工作即可结束；否则，应延长测压时间。

测煤层压力的钻孔，若钻孔是斜向下通过煤层顶板钻进，测量时封孔采用膨胀充填物和水泥砂浆，钻孔结构见图 9-2。

测煤层压力的钻孔，若钻孔是斜向上通过煤层底板钻进，测量时封孔采用木塞和水泥砂浆，钻孔结构见图 9-3。

（2）主动法测定煤层压力

主动法测定煤层瓦斯压力，时间比较短，要求至少 1 d 观测记录 1 次。当压力变化小于 0.005 MPa/d 时，测压工作即可结束；否则，应延长测压时间。

选用仪器为 M-2 型煤层瓦斯压力测定仪，补偿气体选用高压氮气，钻孔结构见图 9-4。

钻孔工作结束后，先清洗钻孔，将封孔器放入钻孔中，封孔器由活节管连接，其长度可以调节，将封孔器放到预定位置后，转动

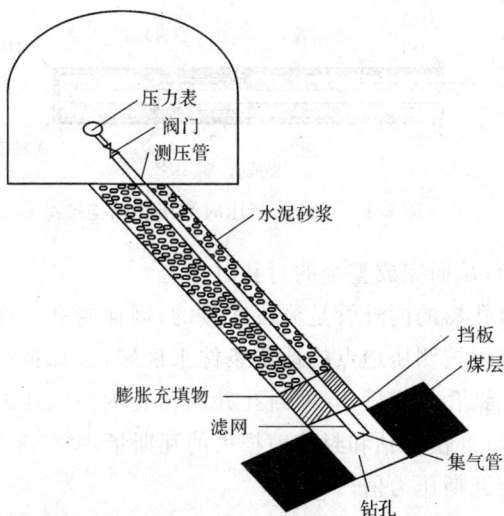

图 9-2　斜向下用膨胀充填物和水泥砂浆封孔的测压孔结构

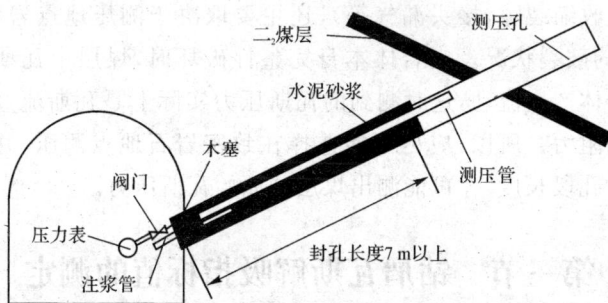

图 9-3　斜向上用木塞和水泥砂浆封孔的测压孔结构

加压手把,使内外管相向移动产生轴向推力,导致前后两组胶圈膨胀变形,封住钻孔壁与测压管之间的空隙,构成封孔段。然后向黏液缸中注入高压二氧化碳气体,驱使黏液通过内外管之间的空隙进入钻孔两组胶圈之间的封孔段,并使黏液的压力大于预期

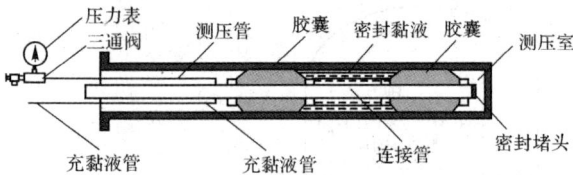

图 9-4　主动法测压时测压孔结构

的煤层压力,从而完成整个的封孔过程。

　　由于封孔器的内外管是分段连接的,因而封孔的深度和封孔段的长度均可按测压地点的地质条件来确定,以保证测压的可靠性。此外在钻孔打完后,立即封孔并向钻孔内注入压缩空气或高压氮气,用以补偿打钻和封孔前损失的瓦斯量,一般在 3 d 左右即可准确测定瓦斯压力值。

　　实践表明,封孔测压技术不能保证每次测压都能成功。这与封孔测压工艺条件有关(如孔未清除干净,填料未填紧密,水泥凝固产生收缩裂隙,接头漏气等),还主要取决于测压地点岩体(或煤体)的破裂状况。当岩体本身完整性破坏时,煤层中瓦斯会经破坏岩体产生流动,这时测到的瓦斯压力实际上是瓦斯流经岩柱的流动阻力。所以,应尽可能选择在致密岩石地点测压,并适当增大封孔段长度,才可能测出煤层的原始瓦斯压力。

第三节　钻屑瓦斯解吸指标值的测定

　　钻屑瓦斯解吸指标 Δh_2 和 K_1 都是预测突出危险性的指标,可以互为校验。实际工作中,可以测一个指标即可。

一、钻屑瓦斯解吸指标 Δh_2 值的测算

(一)仪器设备及原理

钻屑瓦斯解吸指标 Δh_2 值用 MD-2 型瓦斯解吸仪(图 9-5)测

定。MD-2型瓦斯解吸仪为一整块的有机玻璃块。仪器构造如图9-6所示,由水柱计、解吸室、煤样瓶、开关旋塞和旋塞组成。仪器外形尺寸为 250 mm×12 mm×35 mm,质量为 0.8 kg。

图 9-5　MD-2 型瓦斯解吸仪

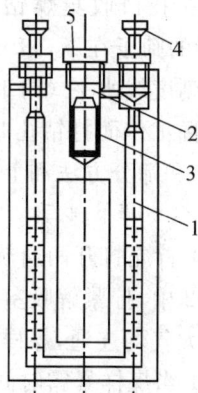

图 9-6　MD-2 型瓦斯解吸仪构造图

1——水柱计;2——解吸室;3——煤样瓶;
4——开关旋塞;5——试样旋塞

　　仪器带有特制的煤样筛 2 个,筛孔孔径分别为 1 mm 和 3 mm,另带秒表 1 块,备用采样瓶 10 个。

　　该仪器的基本原理是:在不进行煤样脱气和充瓦斯的条件下,利用煤钻屑中的残余瓦斯压力向密闭的空间释放瓦斯。用水柱计压差测定该空间体积和压力的变化来表示煤钻屑解吸出的瓦斯量。

　　(二)钻屑瓦斯解吸指标的测定方法和步骤

　　1. 测定前的准备工作

　　(1)给水柱计注水,并将两侧液面调整至零刻度线。

　　(2)检查仪器的密封性能。一旦密封失败,需更换新的 O 型密封圈。

　　(3)准备好配套装备,如秒表、分样筛、记录数据的纸和笔等。

2. 煤钻屑采样

石门揭穿煤层工作面打钻时,每打 1 m 煤孔采取钻屑煤样 1 个,在钻孔进入预定采样深度时开始计时。当钻屑排出孔口时,用筛子在孔口收集煤钻屑,用孔径 1 mm 和 3 mm 的筛子筛分(ϕ1 mm 的筛子在下,ϕ3 mm 的筛子在上),将筛分好的试样,装至煤样瓶刻度线水平(约 10 g 左右)。

采掘工作面打钻孔时,每 2 m 采取钻屑煤样 1 个,装入煤样瓶,采样和筛分方法和上述相同。

3. 测定操作步骤

(1) 首先打开两通旋塞,然后将已采煤样的煤样瓶迅速放入解吸室 2 中,拧紧解吸室上盖 5,打开三通旋塞 4,使解吸室与水柱计 1 和大气均连通,煤样处于暴露状态。

(2) 当煤样暴露时间为 3 min 时,迅速逆时针方向旋转三通旋塞,使解吸室与大气隔绝,仅与水柱计连通,开始进行解吸测定,并重新开始计时。

(3) 解吸 2 min 后,立刻记录下解吸仪水柱计压差,单位是 mmH$_2$O。

(4) 把 mmH$_2$O 换算成 Pa 单位(1 mmH$_2$O=10 Pa),即得到实测 Δh_2 值(Pa)。

二、钻屑瓦斯解吸指标 K_1 值的测算

钻屑瓦斯解吸指标 K_1 值一般用 WTC 型瓦斯突出参数仪(图 9-7)测出,单位是 mL/(g·min$^{1/2}$)。

(一) 操作流程图

见图 9-8。

(二) 仪器使用前准备工作

(1) 检查仪器,保证仪器完好使用。

(2) 检查仪器的配套装置和部件,保证齐全。

(3) 充电,保持电源充足。充电操作如下:

图 9-7　WTC 瓦斯突出参数仪

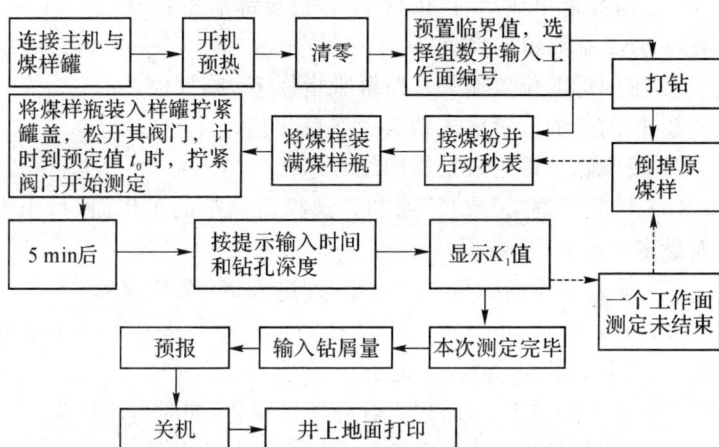

图 9-8　操作流程图

① 将充电器"充电/打印"选择开关拨到充电侧；

② 将充电器上的 25 芯连接头与 WTC 主机上的 25 芯接口连接好；

③ 将充电器上的两芯插头插入 220 V 交流电源插座中；

④ 打开充电器总开关,充电器电源指示灯亮,开始充电；

⑤ 充电 12 h 左右或指示灯灭,充电完毕；

⑥ 仪器使用不足 8 h,应对仪器放电后再进行充电。

（三）井下测定瓦斯解吸指标 K_1 值

（1）用橡胶管连接好主机和煤样罐。

（2）打开主机电源,仪器首先显示"中国煤炭研究总院重庆分院"字样,然后进入时间菜单。

（3）时间设置:

① 若显示时间与当前时间无偏差,则按"返回"键直接进入下一菜单。

② 若修改时间,按时间上闪烁的位置输入相应数字,并按确定键进入下一菜单。

（4）清零菜单显示时,按数字"1"键全部清零。

（5）K_1 临界值的设置:

① 按闪烁的位置输入瓦斯解吸指标 K_1 临界值;

② 按闪烁的位置输入钻屑量 S 临界值;

③ 按"确定"键进入工作面编号选择。

（6）按数字键"1"或"2"或"3",选择需测定的工作面（每个工作面最多可测 30 个数据）。

（7）输入工作面编号,按"确定"键进入 K_1 采样菜单。

（8）开始打钻,进行第一个钻孔测定。每钻进一米收集所有钻屑,用弹簧秤称其质量,并记录。

（9）钻孔每钻进 2 m,用组合筛子接煤粉,同时启动秒表。

（10）将煤样用 1 mm 和 3 mm 组合筛子充分筛选后,迅速装入煤样瓶中,并用筛子刮平,使装入煤样体积和煤样瓶体积一致,然后将煤样瓶放入样罐中,拧紧罐盖,松开样罐阀门。

（11）当秒表计时到预定时间 t_0 时（t_0 一般取 1 min、1.5 min 或 2 min,不应超过 2 min）拧紧样罐阀门,按数字"1"键开始 K_1 值测定。

（12）K_1 值测定采样过程中,每 30 s 显示一次压力值,按显示压力值记录 10 次,然后进入下一菜单。

（13）输入秒表计时的时间和孔深,按"确定"键进入下一菜单。

（14）显示 K_1 值，该煤样测定完毕。

（15）拧开煤样罐倒掉煤样。

（16）在测定过程中若漏气，会自动报警和提示，此次数据不准确。

（17）按数字"2"键后，照上述（8）～（15）项操作顺序测定第二个煤样的 K_1 值，直至测完一个钻孔 K_1 值。若结束，按数字"1"键进入下一菜单。

（18）按上述（8）～（17）项操作顺序测定第二个钻孔 K_1 值，直至测定完毕工作面全部钻孔的 K_1 值。

（19）输入最大钻屑量 S 值，按"确定"键，预报检测结果。

（20）若进行下一工作面的测定，按"返回"键，输入选择工作面菜单，按（7）～（19）步骤进行。

（21）若结束，关掉电源，数据会自动保存。

（四）地面打印

（1）用数据线将主机和打印机连接好。

（2）把充电器上的"充电/打印"选择到"打印"一侧。

（3）将充电器上的两芯插头插入 220 V 电源插座中，开充电总开关，充电器上打印指示灯亮。

（4）开主机电源。

（5）按"返回"键进入主菜单，按数字"2"选择打印菜单。

（6）按数字"1"开始打印。

（7）打印完后，按"SEL""LF"开始进行空送纸。

（8）再按"LF"结束，扯下打印单。

（9）关主机电源，再关充电器总开关，取下插座插头，完成打印。

（五）放电操作

仪器在充足电源的情况下，可连续工作 8 h，如使用不足 8 h，要对仪器进行放电操作后再充电。

将充电器上的 25 芯连接头（孔）与主机上 25 芯连接头（针）连接好。若电压高于 9 V，则放电指示灯亮，开始放电；若不亮，可对仪器进行充电操作。

（六）填写"突出危险性预测（检验）报告单"（表 9-1）

表 9-1　　　　突出危险性预测（检验）报告单

突出危险性预测（检验）报告单								
科（队）		检测人				时间		
巷道名称						位置		
定性					效果			
临界值	$\Delta h_2/\mathrm{Pa}$		$K_1/[\,\mathrm{mL}/(\mathrm{g}\cdot\mathrm{min}^{1/2})\,]$			$S/(\mathrm{kg/m})$		
煤层	地质构造情况		防突措施情况			孔布置		其他

孔号	孔深度	测定值			孔号	孔深度	测定值		
		Δh_2	K_1	S			Δh_2	K_1	S
1	1				3	1			
	2					2			
	3					3			
	4•					4			
	5					5			
	6					6			
	7					7			
	8					8			
	9					9			
	10					10			
2	1				4	1			
	2					2			
	⋮					⋮			
	9					9			
	10					10			

三、使用瓦斯解吸仪的要求

（1）瓦斯解吸仪应符合以下要求：

① 解吸仪需经有资质部门检验合格方可使用。

② 正常使用时，瓦斯解吸仪有效期为两年。

③ 对影响准确度的部件需进行维修、更换后重新检验。

④ 正常使用每半年进行一次准确度自检；发现有问题及维修后也应进行一次自检。

（2）使用瓦斯解吸仪应遵守以下规定：

① 每次使用前应进行气密性检查。

② 发现有欠压、数据显示不规则时，应立即停止使用。

（3）使用 U 型水柱计式解吸仪时，两侧管内水柱应使用蒸馏水，实验室半年、现场每个月更换一次蒸馏水。

（4）若煤样瓦斯组分中含有 5％以上的 CO_2、H_2S 等气体时，不宜采用 U 型水柱计式解吸仪。

第四部分　高级工专业知识和技能要求

第十章　瓦斯防突工高级工基本知识

第一节　防突工作面通风管理

一、采掘工作面通风系统示意图

（一）采煤工作面通风系统图

采煤工作面通风系统示意图，在上下平巷（对倾斜长壁采煤工作面为左右倾斜巷）断面较大、巷道较宽时，在煤壁处不设钻场，直接在巷道工作面煤壁一侧打钻，这时通风系统图与一般工作面通风系统图一样。如果在煤壁处有钻场，工作面主风流依然采用总风压通风，而钻场不允许采用扩散通风，大多采用带风袖的局部通风机通风（如图10-1中1、2、3、4低位钻场）或直接采用局部通风机通风（如图10-1中1、2号高位抽放巷）。

有的采煤工作面为了防止回风隅角积聚瓦斯，常常再掘一条与工作面回风巷平行的瓦斯尾巷。

另外《防突规定》规定，突出矿井、有突出煤层的采区、突出煤层工作面都必须有独立的回风系统，采区回风巷必须是专用回风巷。

（二）掘进工作面通风系统图

突出煤层的掘进工作面通风系统示意图，如果在巷道两帮没有钻场，其通风系统图与一般的掘进工作面一样；如果设有钻场，则用风筒带有风袖的局部通风机通风（如图10-2）。

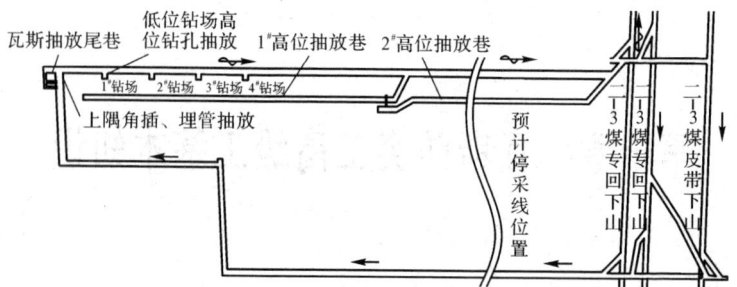

(a) 平面图

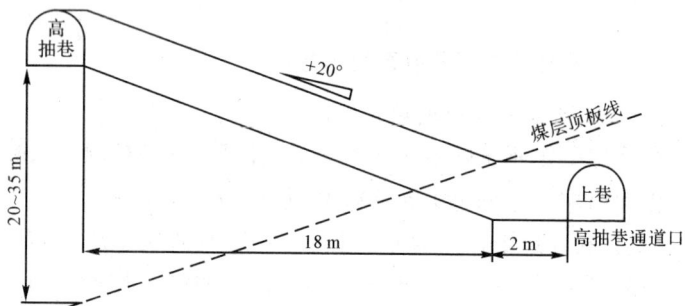

(b) 高位钻场剖面图

图 10-1　义煤集团耿村煤矿采煤工作面通风及抽采示意图

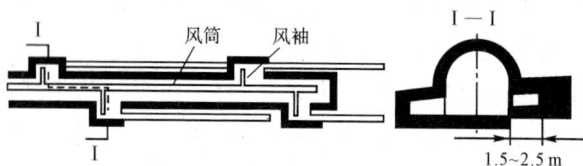

图 10-2　风筒带有风袖的局部通风机通风

二、防突工作面现场通风管理

为了加强矿井对瓦斯超限问题的应急处理,各矿对瓦斯超限浓度规定与《煤矿安全规程》比较,有降低的趋势,以义煤孟津煤

矿为例,有如下规定:

(1) 保证打钻地点风流畅通,且风量不得低于 650 m³/min。

(2) 打钻地点瓦斯浓度达到 0.4％时关注,达到 0.6％时预警,达到 0.8％时要立即切断电源停止工作,撤出人员。

(3) 钻机等设备或开关附近 20 m 以内风流中瓦斯浓度达到 0.6％时,必须停止钻机运转,撤出人员,切断电源,进行处理。

(4) 因瓦斯浓度超过规定而切断电源的电气设备都必须在瓦斯浓度降到 0.6％以下时,方可人工送电开动机器。

(5) 瓦斯、一氧化碳便携报警仪均应悬挂在与钻孔同高度且不大于 2 m 的回风流内,保证能够准确监测打钻地点回风流中的瓦斯、一氧化碳浓度。采用煤层底板巷抽采瓦斯,在底板巷内,沿风流方向每两部钻机后方分别设置一部瓦斯传感器和一部一氧化碳传感器,安装位置为:距钻机施工地点回风侧不大于 10 m,且距巷道顶部不大于 300 mm,距巷道帮部不小于 200 mm,并具有超限声光报警功能,以便随时监测底板巷所有打钻地点回风内的瓦斯、一氧化碳浓度,另外钻机移钻时,传感器必须跟随钻机按照以上要求进行动态移动。

(6) 打钻地点必须有消防防尘供水系统和压风管路系统,必须留设三通阀门,并保证水压、水量、风压满足消防、防尘、打钻需要。

(7) 钻尾必须通过三通与压风管、供水管相连,实现风、水联动,切换自如。在钻孔一旦着火时能立即切换向钻孔内注水。

(8) 风钻穿煤层前,必须扩孔安装防喷装置,充分利用好防喷装置上的 4 个喷头,有效降低煤尘量。加强打钻地点 50 m 范围内的洒水防尘工作,并将防尘工作列入交接班内容中。

(9) 打钻地点必须做到不通风不施工。如果出现风量不足时,应立即停钻,查明原因,待供风正常后方可开钻;若出现微风、停风时,必须立即停止打钻,将开关打到零位后,沿避灾路线撤至安全区域内。

第二节　实施防突措施注意事项

一、施工前安全隐患排查

（1）施工前，必须清点所有相关人员是否到位。如瓦斯检查员、现场跟班人员、打钻工等。

（2）将便携式瓦斯自动检测报警仪挂在钻场回风侧 2 m 离顶板 0.2 m 处，并在钻场内和回风处安装瓦斯检测探头，并保证瓦斯探头灵敏准确可靠，监控中心能及时准确地收到探头检测的数据。

（3）检查施工地点的瓦斯浓度，只有在瓦斯浓度小于 1.0%时，才能施工。

（4）检查安全防护设施（防瓦斯逆流风门、隔爆水袋、压风自救设施等）是否完好；检查施工地点附近的避灾撤人路线是否畅通。确保合乎要求后方可施工。

（5）检查施工地点的煤壁煤层是否松软，松软时要保护好煤壁后再施工。

（6）检查施工地点及其附近的巷道支护情况，若出现支架歪斜、断脱、失效等状况，及时处理后方可施工。

（7）在工作地点实施防突措施前，要先测量掘进迎头与防突基点的距离，校核是否超挖。发现超挖现象必须停止作业并汇报。

二、开孔定位时的注意事项

防突钻孔施工前，按防突措施要求定好开孔点的位置。

标定开孔位置要遵循：孔口与巷道上下左右的距离或煤层顶底板的距离要合乎设计要求，钻孔的方位和倾角与设计要求一致。在金属物体或电缆较多的地方严禁用地质罗盘来标定钻孔方向，以免产生较大误差。

三、实施区域防突措施和校检时应遵循的要求

遵循的要求依据《防突规定》和《煤矿安全规程》,主要是钻孔预抽瓦斯控制范围等方面的规定。具体内容如下。

（一）实施区域防突措施时钻孔控制范围和布孔要求

（1）穿层钻孔或顺层钻孔预抽区段煤层瓦斯区域防突措施的钻孔应当控制区段内的整个开采块段、两侧回采巷道及其外侧一定范围内的煤层。要求钻孔控制回采巷道外侧的范围是：倾斜、急倾斜煤层巷道上帮轮廓线外至少 20 m,下帮至少 10 m；其他为巷道两侧轮廓线外至少各 15 m。以上所述的钻孔控制范围均为沿层面的距离,以下同。

（2）穿层钻孔预抽煤巷条带煤层瓦斯区域防突措施的钻孔应当控制整条煤层巷道及其两侧一定范围内的煤层。该范围与第（1）项中回采巷道外侧的要求相同。

（3）顺层钻孔或穿层钻孔预抽回采区域煤层瓦斯区域防突措施的钻孔应当控制整个开采块段的煤层。

（4）穿层钻孔预抽石门（含立、斜井等）揭煤区域煤层瓦斯区域防突措施应当在揭煤工作面距煤层的最小法向距离 7 m 以前实施（在构造破坏带应适当加大距离）。钻孔的最小控制范围是：石门和立井、斜井揭煤处巷道轮廓线外 12 m（急倾斜煤层底部或下帮 6 m）,同时还应当保证控制范围的外边缘到巷道轮廓线（包括预计前方揭煤段巷道的轮廓线）的最小距离不小于 5 m,且当钻孔不能一次穿透煤层全厚时,应当保持钻孔最小超前距 15 m。

（5）顺层钻孔预抽煤巷条带煤层瓦斯区域防突措施的钻孔应控制的条带长度不小于 60 m。倾斜、急倾斜煤层巷道上帮轮廓线外至少 20 m,下帮至少 10 m；其他为巷道两侧轮廓线外至少各 15 m。

（6）当煤巷掘进和回采工作面在预抽防突效果有效的区域内作业时,工作面距未预抽或者预抽防突效果无效范围的前方边界

不得小于 20 m。

（7）厚煤层分层开采时，预抽钻孔应当控制开采的分层及其上部至少 20 m、下部至少 10 m（均为法向距离，且仅限于煤层部分）。

（8）钻孔布孔要求：

预抽煤层瓦斯钻孔应当在整个预抽区域内均匀布置，钻孔间距应当根据实际考察的煤层有效抽放半径确定。

预抽瓦斯钻孔封堵必须严密。穿层钻孔的封孔段长度不得小于 5 m，顺层钻孔的封孔段长度不得小于 8 m。

应当做好每个钻孔施工参数的记录及抽采参数的测定。钻孔孔口抽采负压不得小于 13 kPa。预抽瓦斯浓度低于 30％时，应当采取改进封孔的措施，以提高封孔质量。

（二）预抽瓦斯后进行效果检验时的要求

（1）预抽煤层瓦斯区域防突措施进行检验期间还应当观察、记录在煤层中进行钻孔等作业时发生的喷孔、顶钻及其他突出预兆。

（2）对穿层钻孔或顺层钻孔预抽区段煤层瓦斯区域防突措施进行检验时，若区段宽度（两侧回采巷道间距加回采巷道外侧控制范围）未超过 120 m，以及对预抽回采区域煤层瓦斯区域防突措施进行检验时若回采工作面长度未超过 120 m，则沿回采工作面推进方向每间隔 30～50 m 至少布置 1 个检验测试点；若预抽区段煤层瓦斯区域防突措施的区段宽度或预抽回采区域煤层瓦斯区域防突措施的回采工作面长度大于 120 m 时，则在回采工作面推进方向每间隔 30～50 m，至少沿工作面方向布置 2 个检验测试点。

当预抽区段煤层瓦斯的钻孔在回采区域和煤巷条带的布置方式或参数不同时，按照预抽回采区域煤层瓦斯区域防突措施和穿层钻孔预抽煤巷条带煤层瓦斯区域防突措施的检验要求分别进行检验。

（3）对穿层钻孔预抽煤巷条带煤层瓦斯区域防突措施进行检验时，在煤巷条带每间隔 30～50 m 至少布置 1 个检验测试点。

（4）对穿层钻孔预抽石门（含立、斜井等）揭煤区域煤层瓦斯区域防突措施进行检验时，至少布置 4 个检验测试点，分别位于要求预抽区域内的上部、中部和两侧，并且至少有 1 个检验测试点位于要求预抽区域内距边缘不大于 2 m 的范围。

（5）对顺层钻孔预抽煤巷条带煤层瓦斯区域防突措施进行检验时，在煤巷条带每间隔 20～30 m 至少布置 1 个检验测试点，且每个检验区域不得少于 3 个检验测试点。

（6）各检验测试点应布置于所在部位钻孔密度较小、孔间距较大、预抽时间较短的位置，并尽可能远离测试点周围的各预抽钻孔或尽可能与周围预抽钻孔保持等距离，且避开采掘巷道的排放范围和工作面的预抽超前距。在地质构造复杂区域适当增加检验测试点。

四、石门揭煤防突措施时应遵循的要求

1. 石门揭煤防突措施钻孔的要求

（1）采用钻屑瓦斯解吸指标法预测石门揭煤工作面突出危险性时，预测钻孔在石门中央、上部、两侧应至少布置 3 个钻孔，在钻孔钻进到煤层时，每钻进 1 m 采集一次孔口排出的粒径 1～3 mm 的煤钻屑，测定其瓦斯解吸指标 K_1 或 Δh_2 值。

（2）在石门和立井揭煤工作面采用预抽瓦斯、排放钻孔防突措施时，钻孔直径一般为 75～120 mm。石门揭煤工作面钻孔的控制范围是：石门的两侧和上部轮廓线外至少 5 m，下部至少 3 m。立井揭煤工作面钻孔控制范围是：近水平、缓倾斜、倾斜煤层为井筒四周轮廓线外至少 5 m；急倾斜煤层沿走向两侧及沿倾斜上部轮廓线外至少 5 m，下部轮廓线外至少 3 m。钻孔的孔底间距应根据实际考察情况确定。

揭煤工作面施工的钻孔应尽可能穿透煤层全厚。当不能一次打穿煤层全厚时,可采取分段施工,但第一次实施的钻孔穿煤长度不得小于 15 m,且进入煤层掘进时,必须至少留有 5 m 的超前距离(掘进到煤层顶或底板时不在此限)。

(3)石门揭煤工作面采用水力冲孔防突措施时,钻孔应至少控制自揭煤巷道至轮廓线外 3～5 m 的煤层,冲孔顺序为先冲对角孔后冲边上孔,最后冲中间孔。水压视煤层的软硬程度而定。石门全断面冲出的总煤量(t)数值不得小于煤层厚度(m)乘以 20。若有钻孔冲出的煤量较少时,应在该孔周围补孔。

2. 金属骨架孔施工要求

(1)金属骨架孔的间距一般按 0.2 m 确定。

(2)按照设计图纸的要求,准确挂设好各钻孔的开口位置、方位角和倾角,然后进行钻孔施工。由于金属骨架孔的孔间距较小,在施工过程中,必须准确进行挂孔和钻进,防止两孔交叉。

(3)在施工金属骨架钻孔的过程中,要注意观察钻孔钻进时,有无喷孔、顶钻、卡钻、瓦斯涌出量大等异常情况。若出现异常情况,说明防突措施效果不好,应停止施工,待汇报研究采取有效的防突措施后,再实施金属骨架孔。

(4)在施工金属骨架钻孔的过程中,要注意收集钻孔的岩石长度、煤孔长度和过煤后的长度。钻孔进入顶(底)板岩石不得少于 0.5 m。

(5)完成一个金属骨架孔后,必须及时放入预先制作好的骨架,以防塌孔和变形而不能放入骨架。

(6)揭开煤层后,严禁拆除金属骨架。

第三节　防突作业中安全隐患应急处理

一、瓦斯超限的应急处理措施

当打钻地点 20 m 范围内瓦斯浓度达到 1.0% 时,要立即切断钻机电源停止工作,采取连管抽放等措施,直至瓦斯浓度恢复正常时方可送电继续打钻;当打钻地点 20 m 范围以外瓦斯浓度达到 1.0% 时,必须切断掘进正头及其回风流所有电气设备电源,掘进正头及其回风流所有人员必须在负责人的带领下,沿避灾路线撤到安全地点,并向调度室汇报。

二、工作地点有突出预兆或发生突出事故现场人员应对措施

（一）发现突出预兆后现场人员的应对措施

（1）停止工作。如果出现瓦斯突出预兆,必须立即停止工作（如停止打钻）,立即向调度室汇报,同时,迅速撤出。

（2）立即撤出。要迅速向进风侧撤离,并通知其他人员同时撤离。撤离中应快速打开隔离式自救器并佩戴好,再继续外撤。掘进工作面发现突出预兆时,现场人员必须向外迅速撤离。撤退时应快速佩戴好隔离式自救器。撤至防突反向风门外后,要把防突风门关好,再继续外撤。

（3）利用好避难所。如自救器发生故障或佩戴自救器不能到达安全地点时,在撤出途中应进入预先筑好的避难所中躲避,或在就近地点快速建筑的临时避难所中躲避,等待矿山救护队的救援。

（4）注意延期突出。发现煤与瓦斯突出预兆,现场人员决不能犹豫,必须立即撤出,并佩戴好自救器。

（5）撤退距离的确定。按照各矿的防突措施,在石门揭穿煤层前以及在生产中发现煤与瓦斯突出预兆时,人员必须按照措施的规定撤到安全地点。具体地讲,大矿要撤到防突风门以外,小煤矿最好撤到井上。

（二）发生突出事故后现场人员应对措施

（1）佩用隔离式自救器保护自己。在有煤与瓦斯突出危险的矿井或工作面,矿工必须随身携带隔离式自救器。一旦发生突出事故,应立即佩戴好,以便保护自己,迅速撤离危险区。

（2）寻找可避难的场所。遇险矿工在撤退中,若退路被突出煤矸所堵,不能到达避难所躲避时,可寻找有压风管或水管的巷道、所暂避,并与外界取得联系。这时,要把压风管的供气阀门打开或卸开接头,使压风管放气,形成正压通风,以稀释高浓度瓦斯,供遇险人员呼吸。

（三）突出事故发生后灾区外人员的抢救措施

（1）及时报告。突出事故发生后,在灾区外的人员要通过电话或其他通讯方式,迅速向领导或矿调度室报告发生事故的时间、地点、人员情况及其他灾情,并阻止没有佩用防护仪器的人员进入灾区。

（2）积极抢救。对于在灾区内距新鲜风流较近的人员,应在现场负责人的组织下积极进行抢救。抢救人员进入灾区时必须佩用隔离式自救器。

（3）监督现场的停电和送电。严禁任何人在瓦斯越限、有爆炸危险的现场停电和送电,防止产生火花引起爆炸。若灾区停电没有被水淹的危险时,应采用远距离切断电源的方法;若灾区停电有被水淹危险时,应做到运转的设备不停电,停电的设备不送电。

（四）发生突出事故后的一般避灾路线（以采煤工作面顺槽为例说明）

采煤工作面顺槽→采区上（下）山→（通过风门）进入进风上（下）山→运输大巷（进风巷）→井底车场→副井→地面。

三、打钻着火导致一氧化碳和硫化氢气体超限的应急处理措施

在钻孔施工过程中,如果出现着火征兆,根据不同情况进行具体处理,处理要求如下:

（1）钻进过程中,发现孔口冒烟时,要立即判明是哪种气体,若是一氧化碳和硫化氢气体超限,必须立即停止打钻,切断电源,戴好自救器且站在上风侧,关闭风管阀门,开启水管阀门,用水管向孔里送水,同时用黄泥将孔口密封,然后向调度室汇报。一切处理好之后方可沿避灾路线撤离。

(2) 孔口出现明火时,必须立即停止打钻,戴好自救器,切断电源,关闭风管阀门,开启水管阀门向孔里送水,同时用灭火器进行灭火,处理完后用黄泥进行堵孔;若明火引起钻机油箱、电缆着火,不得用水冲,只准用灭火器及黄砂、黄泥灭火,明火熄灭后,需继续用水向孔内注水进行降温,处理完后用黄泥进行堵孔;若钻孔着火后火势过大,现场人员不能有效控制,必须立即向调度室汇报,同时快速通知施工地点所有人员及其回风流其他工作人员,在负责人的带领下,佩戴好自救器沿避灾路线及时撤退。

四、施工地点出现顶板冒顶的应急处理措施

在钻孔施工过程中,如果出现顶板冒顶情况,按照以下不同情况进行具体处理,处理要求如下:

(1) 如果在打钻过程中,出现顶板裂隙张开、裂隙增多,敲帮问顶时发出不正常的声音,顶板裂隙内卡有活矸,并有掉渣、掉矸现象,先小后大,煤层与顶板接触面上,极薄的矸石片不断地脱落,滴淋水从顶板劈裂面滴落等局部冒顶前兆时,应迅速撤离到安全区域内,同时设立警戒线,向调度室汇报现场情况,在加强支护后,经调度室允许,方可进入施工地点进行作业。

(2) 如果在打钻过程中,听到顶板连续断裂声,顶板岩层破碎、下落、掉渣,顶板裂缝增加或裂隙张开,并产生大量的下沉,支架大量折断等大冒顶前兆时,应在负责人的带领下,迅速沿避灾路线撤离,同时通知沿途其他人员以及向调度室汇报。

五、施工地点出现透水的应急处理措施

当发生透水征兆时,所有人员应立即停止施工,不得拔出钻杆,在负责人的带领下沿避灾路线撤离,并及时向调度室汇报情况。

第十一章　局部综合防突措施

第一节　工作面突出危险性预测

一、工作面突出危险性预测

经过区域综合防突措施并经校检后转变成的无突出危险区，或者区域预测划分出的无突出危险区，即可开启工作面，开始进入石门揭煤、煤巷掘进和采面回采的作业。但在进行揭煤和采掘作业时还应采用工作面预测的方法对区域预测或检验结果进行验证，也就是进行工作面突出危险性预测。

（一）预测单位

研究预测新方法的试验应由具有煤与瓦斯突出危险性鉴定资质的单位来进行。

工作面突出危险性预测预报的敏感指标和临界值的试验确定，应由具有煤与瓦斯突出危险性鉴定资质的单位来进行，在试验前和应用前应由煤矿企业技术负责人批准。

（二）预测依据

1. 主要采用敏感指标进行工作面预测

对揭煤作业主要采用综合指标法、钻屑瓦斯解吸指标法或其他经试验证实有效的方法进行预测；对采掘工作面主要采用钻屑指标法、复合指标法、R 值指标法和其他经试验证实有效的方法进行预测。

2. 采用辅助指标辅助进行工作面突出危险性预测

这些辅助指标有瓦斯含量、工作面瓦斯涌出量动态变化、声发射、电磁辐射、钻屑温度和煤体温度等。

3. 工作面突出危险性预测预报也可以研究新方法

研究预测新方法的试验应由具有煤与瓦斯突出危险性鉴定资质的单位来进行。

（三）预测结论

采掘工作面经工作面预测后划分为突出危险工作面和无突出危险工作面。未进行工作面预测的采掘工作面，应当视为突出危险工作面。

（四）对突出危险工作面和无突出危险工作面的判定

1. 采用敏感指标进行工作面预测判定

（1）在揭煤作业采用综合指标法预测

预测综合指标 D、K 的临界值应根据试验考察确定，在确定前可暂按表 11-1 所列的临界值进行预测。

表 11-1　石门揭煤工作面突出危险性预测综合指标 D、K 参考临界值

综合指标 D	综合指标 K	
	无烟煤	其他煤种
0.25	20	15

综合指标 D、K 的计算公式为：

$$D = \left(\frac{0.007\,5H}{f} - 3\right) \times (P - 0.74) \tag{11-1}$$

$$K = \frac{\Delta p}{f} \tag{11-2}$$

式中　D——工作面突出危险性的 D 综合指标；

K——工作面突出危险性的 K 综合指标；

H——煤层埋藏深度，m；

　　　　P——煤层瓦斯压力,取各个测压钻孔实测瓦斯压力的最
　　　　　　大值,MPa;

　　　　Δp——软分层煤的瓦斯放散初速度;

　　　　f——软分层煤的坚固性系数。

　　当测定的综合指标 D、K 都小于临界值,或者指标 K 小于临
界值且式(11-1)中两括号内的计算值都为负值时,若未发现其他
异常情况,该工作面即为无突出危险工作面;否则,判定为突出危
险工作面。

　　(2)在揭煤作业采用钻屑瓦斯解吸指标预测

　　工作面钻屑瓦斯解吸指标的临界值应根据试验考察确定,在
确定前可暂按表 11-2 中所列的指标临界值预测突出危险性。

表 11-2　钻屑瓦斯解吸指标法预测石门揭煤工作面突出危险性的参考临界值

煤样	$\Delta h_2/\mathrm{Pa}$	$K_1/[\mathrm{mL}/(\mathrm{g} \cdot \mathrm{min}^{0.5})]$
干煤样	200	0.5
湿煤样	160	0.4

　　如果所有实测的指标值均小于临界值,并且未发现其他异常
情况,则该工作面为无突出危险工作面;否则,为突出危险工
作面。

　　(3)在采掘工作面采用钻屑指标法预测

　　采用钻屑指标法预测采掘工作面突出危险性的指标临界值
应根据试验考察确定,在确定前可暂按表 11-3 的临界值确定工作
面的突出危险性。

表 11-3　钻屑指标法预测煤巷掘进工作面突出危险性的参考临界值

钻屑瓦斯解吸指标 Δh_2/ Pa	钻屑瓦斯解吸指标 K_1/ $[\mathrm{mL}/(\mathrm{g} \cdot \mathrm{min}^{0.5})]$	钻屑量 S	
		kg/m	L/m
200	0.5	6	5.4

如果实测得到的 S、K_1 或 Δh_2 的所有测定值均小于临界值，并且未发现其他异常情况，则该工作面预测为无突出危险工作面；否则，为突出危险工作面。

（4）在采掘工作面采用复合指标法预测。

采用复合指标法预测采掘工作面突出危险性的指标临界值应根据试验考察确定，在确定前可暂按表 11-4 的临界值进行预测。

表 11-4　复合指标法预测煤巷掘进工作面突出危险性的参考临界值

钻孔瓦斯涌出初速度 $q/(\text{L/min})$	钻屑量/S	
	kg/m	L/m
5	6	5.4

如果实测得到的指标 q、S 的所有测定值均小于临界值，并且未发现其他异常情况，则该工作面预测为无突出危险工作面；否则，为突出危险工作面。

（5）在采掘工作面采用 R 值指标法预测

判定各采掘工作面突出危险性的临界值应根据试验考察确定，在确定前可暂按以下指标进行预测：

当所有钻孔的 R 值有 $R<6$ 且未发现其他异常情况时，该工作面可预测为无突出危险工作面；否则，判定为突出危险工作面。

2. 根据工作面地质构造、采掘作业及钻孔等发生的各种现象预测判定

（1）工作面出现下列现象判定为突出危险工作面：在突出煤层，工作面出现喷孔、顶钻等动力现象；或者煤体出现有声预兆（劈裂声、炮声、闷雷声）和无声预兆（如支架来压、掉渣、煤面外鼓、片帮、瓦斯浓度突然增大、瓦斯涌出忽大忽小等现象）。

（2）工作面煤层地质条件发生变化，应力增加，又没有实施防突措施，应视为突出危险工作面，如煤层的构造破坏带（断层、剧

烈褶曲、火成岩侵入等）；煤层赋存条件急剧变化；采掘应力叠加。

3. 确定无突出危险工作面的程序

在实施局部综合防突措施的煤巷掘进工作面和采煤工作面，若预测指标为无突出危险，则只有当上一循环的预测指标也是无突出危险时，方可确定为无突出危险工作面，并在采取安全防护措施、保留足够的预测超前距的条件下进行采掘作业；否则，仍要执行一次工作面防突措施和措施效果检验。

（五）根据预测结论所进行的防突要求

1. 对突出危险工作面的防突要求

必须采取工作面防突措施和措施效果检验。当效果检验措施有效时，该工作面才可判定为无突出危险工作面，可在采取安全防护措施并保留足够的防突措施超前距和检验孔超前距下进行采掘作业；当效果检验措施无效时，必须采取补充防突措施，并再次进行措施效果检验，直到措施有效。

2. 对无突出危险的工作面的防突要求

经工作面预测为无突出危险的工作面，可以在采取安全防护措施并保留有足够的突出预测超前距的条件下进行采掘作业。

3. 煤巷掘进和采煤工作面应保留超前距的规定

煤巷掘进和采煤工作面应保留最小预测超前距均为 2 m。

工作面应保留的最小防突措施超前距为：煤巷掘进工作面 5 m，采煤工作面 3 m；在地质构造破坏严重地带应适当增加超前距，但煤巷掘进工作面不小于 7 m，采煤工作面不小于 5 m。

二、开拓掘进巷道敏感指标的测定程序

（一）综合指标法测定程序

1. 综合指标法作用

综合指标法综合考虑了影响突出的地应力、瓦斯、煤的物理力学性质三大自然因素，是我国预测石门揭煤工作面突出危险性

应用较多的一种方法。

2. 布孔及测定方法

在石门工作面向煤层的适当位置至少打 3 个钻孔测定煤层瓦斯压力 P。当近距离煤层群的层间距小于 5 m 或层间岩石破碎时，可测定各煤层的综合瓦斯压力。

测压钻孔在每米煤孔采一个煤样测定煤的坚固性系数 f，把每个钻孔中坚固性系数最小的煤样混合后测定煤的瓦斯放散初速度 Δp，则此值及所有钻孔中测定的最小坚固性系数 f 值作为软分层煤的瓦斯放散初速度和坚固性系数参数值。

如果取得的煤样粒度达不到测定 f 值所要求粒度（20～30 mm），可利用粒度为 1～3 mm 的煤样按上述要求进行测定，并按下式换算，即

当 $f_{1\sim3}>0.25$ 时，$f=1.57f_{1\sim3}-0.14$

当 $f_{1\sim3}\leqslant0.25$ 时，$f=f_{1\sim3}$。

式中　$f_{1\sim3}$——粒度为 1～3 mm 时煤样的坚固性系数。

（二）钻屑瓦斯解吸指标法测定程序

1. 钻屑瓦斯解吸指标法作用

钻屑瓦斯解吸指标法综合考虑了煤质指标和瓦斯指标这两个与突出危险性密切相关的因素，是我国预测石门揭煤工作面突出危险性应用较多的一种方法。

2. 布孔及测定方法

预测钻孔在石门中央、石门上部应至少布置一个钻孔，在石门两侧应布置一个或两个钻孔（图 11-1），如石门布置有其他钻孔，则预测孔应尽量远离这些钻孔。在钻孔钻进到煤层时，每钻进 1 m 采集一次孔口排出的粒径 1～3 mm 的煤钻屑，测定其瓦斯解吸指标 K_1 或 Δh_2 值。

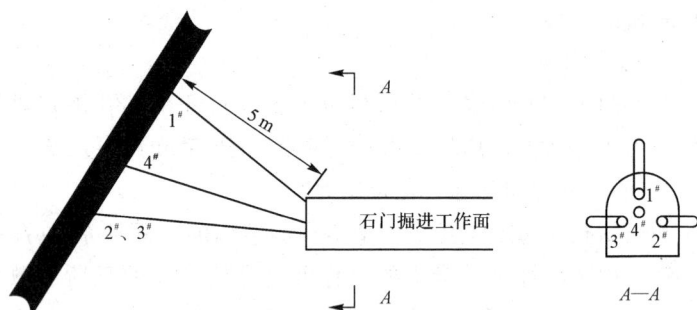

图 11-1　石门揭煤工作面钻屑瓦斯解吸指标法预测钻孔布置示意图

（三）钻屑指标法测定程序

1. 钻屑指标法作用

钻屑指标法较好地考虑了地应力、瓦斯指标和煤质指标这三大突出影响自然因素，是我国预测煤巷掘进工作面突出危险性应用较多的一种方法。

2. 布孔及测定方法

在近水平、缓倾斜煤层工作面应向前方煤体至少施工 3 个钻孔（图 11-2），在倾斜或急倾斜煤层至少施工 2 个预测钻孔进行工作面突出危险性预测（图 11-3），钻孔深度 8～10 m。

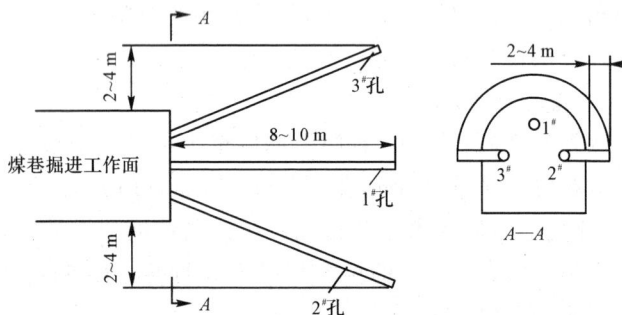

图 11-2　近水平、缓倾斜煤层煤巷掘进工作面
钻屑指标法预测钻孔布置示意图

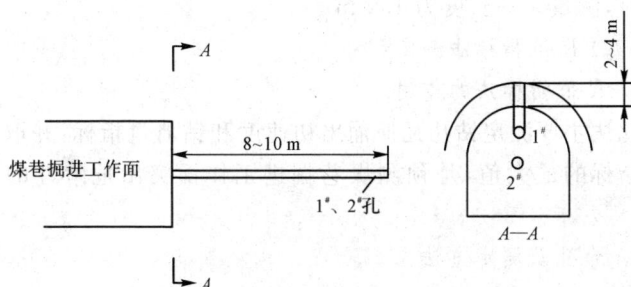

图 11-3 倾斜、急倾斜煤层煤巷掘进工作面
钻屑指标法预测钻孔布置示意图

钻孔应尽可能布置在软分层中,一个钻孔位于掘进巷道断面中部,并平行于掘进方向,其他钻孔的终孔点应位于巷道断面两侧轮廓线外 2～4 m 处。

钻孔每钻进 1 m 测定该 1 m 段的全部钻屑量 S,每钻进 2 m 至少测定一次钻屑瓦斯解吸指标 K_1 或 Δh_2 值。

(四)复合指标法测定程序

1. 复合指标法作用

此法主要测定钻孔瓦斯涌出初速度和钻屑量指标,是预测煤巷掘进工作面突出危险性应用较多的一种方法。

2. 布孔及测定方法

在近水平、缓倾斜煤层工作面应当向前方煤体至少施工 3 个、在倾斜或急倾斜煤层至少施工 2 个孔深 8～10 m 的钻孔,测定钻孔瓦斯涌出初速度和钻屑量指标。

钻孔应当尽量布置在软分层中,一个钻孔位于掘进巷道断面中部,并平行于掘进方向,其他钻孔开孔口靠近巷道两帮 0.5 m 处,终孔点应位于巷道断面两侧轮廓线外 2～4 m 处。

钻孔每钻进 1 m 测定该 1 m 段的全部钻屑量 S,并在暂停钻进后 2 min 内测定钻孔瓦斯涌出初速度 q。测定钻孔瓦斯涌出初速度时,测量室的长度为 1.0 m。

(五) R 值指标法测定程序

1. R 值指标法的作用

此法主要测定钻孔瓦斯涌出初速度和钻屑量指标,并取每个孔各指标的最大值,是预测煤巷掘进工作面突出危险性的一种方法。

2. 布孔及测定方法

在近水平、缓倾斜煤层工作面应向前方煤体至少施工 3 个、在倾斜或急倾斜煤层至少施工 2 个孔深 8~10 m 的钻孔,测定钻孔瓦斯涌出初速度和钻屑量指标。

钻孔应当尽可能布置在软分层中,一个钻孔位于掘进巷道断面中部,并平行于掘进方向,其他钻孔的终孔点应位于巷道断面两侧轮廓线外 2~4 m 处。

钻孔每钻进 1 m 收集并测定该 1 m 段的全部钻屑量 S,并在暂停钻进后 2 min 内测定钻孔瓦斯涌出初速度 q。测定钻孔瓦斯涌出初速度时,测量室的长度为 1.0 m。

根据每个钻孔的最大钻屑量 S_{max} 和最大钻孔瓦斯涌出初速度 q_{max} 按式(11-3)计算各孔的 R 值:

$$R = (S_{max} - 1.8)(q_{max} - 4) \qquad (11\text{-}3)$$

式中 S_{max}——每个钻孔沿孔长的最大钻屑量,L/m;

q_{max}——每个钻孔的最大钻孔瓦斯涌出初速度,L/min。

三、采煤工作面的突出危险性敏感指标测定要求

1. 测定方法

对采煤工作面的突出危险性预测与煤巷掘进工作面的预测方法相同,有钻屑指标法、复合指标法、R 值指标法和其他经试验证实有效的方法。

2. 布孔及测定方法

采煤工作面的布孔与掘进工作面的布孔不同,应沿采煤工作面每隔 10～15 m 布置一个预测钻孔,深度 5～10 m。

测定方法与煤巷掘进工作面突出危险性预测相同。

第二节　工作面防突措施

由于我们对突出机理还没有完全了解,对突出的预测预报还停留在经验层面,为确保开采安全,减少开采损失,有必要采取各种防突措施。

工作面防突措施是针对经工作面预测尚有突出危险的局部煤层实施的防突措施。其有效作用范围一般仅限于当前工作面周围的较小区域。工作面防突措施不同于区域防突措施,它的作用在于使工作面前方小范围内煤体丧失突出危险性,其有效作用范围一般仅限于当前工作面周围的较小区域。

一、防突措施原则

(1)部分卸除煤层或采掘工作面前方煤体的应力,将集中应力区推移至煤体深部。

(2)部分排除煤层或采掘工作面前方煤体中的瓦斯,降低瓦斯压力,减小工作面前方瓦斯压力梯度。

(3)增大工作面附近煤体的承载能力和稳定性。

(4)改变煤体的力学性质,使其不易于发生突出。

(5)改变采掘工艺条件,使采掘工作面前方煤体应力和瓦斯动力状态平缓变化,达到工作面本身自我卸压。

二、不同类型工作面防突措施选择

1. 揭煤工作面防突措施

(1)石门揭煤工作面防突措施:预抽瓦斯、排放钻孔、水力冲孔、金属骨架、煤体固化或其他经试验证明有效的措施。

(2)立井揭煤工作面防突措施:除水力冲孔以外的石门揭煤

工作面防突措施都可采用。

（3）斜井揭煤工作面防突措施：应当参考石门揭煤工作面防突措施进行。

（4）金属骨架、煤体固化措施，应当在采用了其他防突措施并检验有效后方可在揭开煤层前实施。

（5）对所实施的防突措施都必须进行实际考察，得出符合本矿井实际条件的有关参数。

（6）根据工作面岩层情况，实施工作面防突措施时要求揭煤工作面与突出煤层间的最小法向距离为：预抽瓦斯、排放钻孔及水力冲孔均为 5 m，金属骨架、煤体固化措施为 2 m。当井巷断面较大、岩石破碎程度较高时，还应适当加大距离。

2. 煤巷掘进工作面防突措施

煤巷掘进工作面优先选用超前钻孔（包括超前预抽瓦斯钻孔、超前排放钻孔）防突措施。如果采用松动爆破、水力冲孔、水力疏松或其他工作面防突措施时，必须经试验考察确认防突效果有效后方可使用。前探支架措施应当配合其他措施一起使用。

下山掘进时，不得选用水力冲孔、水力疏松措施。倾角 8°以上的上山掘进工作面不得选用松动爆破、水力冲孔、水力疏松措施。

煤巷掘进工作面在地质构造破坏带或煤层赋存条件急剧变化处不能按原措施设计要求实施时，必须打钻孔查明煤层赋存条件，然后采用直径为 42～75 mm 的钻孔排放瓦斯。

若突出煤层煤巷掘进工作面前方遇到落差超过煤层厚度的断层，应按石门揭煤的措施执行。

3. 采煤工作面防突措施

采煤工作面可采用的工作面防突措施有超前排放钻孔、预抽瓦斯、松动爆破、注水湿润煤体或其他经试验证实有效的防突措施。

三、工作面各种防突措施实施的具体要求

（一）石门和立井揭煤工作面采用预抽瓦斯、排放钻孔防突措施的具体要求

预抽和排放瓦斯措施适用于煤层透气性较好，并有足够的抽放时间（一般不少于 3 个月）时采用。

1. 钻孔直径

钻孔直径一般为 75～120 mm。

2. 钻孔的控制范围（图 11-4）

石门揭煤钻孔的控制范围是：石门的两侧和上部轮廓线外至少 5 m，下部至少 3 m。

立井揭煤钻孔控制范围是：近水平、缓倾斜、倾斜煤层为井筒四周轮廓线外至少 5 m；急倾斜煤层沿走向两侧及沿倾斜上部轮廓线外至少 5 m，下部轮廓线外至少 3 m。钻孔的孔底间距应根据实际考察情况确定。

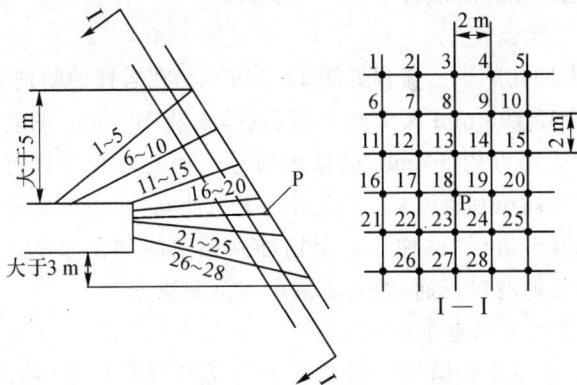

图 11-4　石门排放钻孔布置图
P——测压孔；1～28——排放钻孔

钻孔应当尽可能穿透煤层全厚。当不能一次打穿煤层全厚

时,可分段施工,但第一次实施的钻孔穿煤长度不得小于 15 m,且进入煤层掘进时,必须至少留有 5 m 的超前距离(掘进到煤层顶或底板时不在此限)。

3. 揭穿煤层之前钻孔应有效使用

预抽瓦斯和排放钻孔在揭穿煤层之前应当保持自然排放或抽采状态。

(二)水力冲孔防突措施的具体要求

1. 水力冲孔作用

水力冲孔是在进行采掘工作之前,利用钻机打钻的高压水射流,在突出煤层内冲出煤炭和瓦斯形成较大的孔洞,诱导可控制的小型突出,以造成煤体卸压,加速瓦斯排放,降低瓦斯含量和瓦斯压力,消除采掘突出危险的一种局部防突措施。

2. 钻孔的控制范围

钻孔在石门工作面距突出煤层 5 m 时实施,钻孔应至少控制自揭煤巷道至轮廓线外 3~5 m 的煤层。

3. 工艺流程

水力冲孔的工艺流程如图 11-5 所示。在岩柱的防护下,用钻机先打直径 108 mm 深 1 m 的岩石孔,安装 108 mm 的套管和三通管,然后用直径 90 mm 的钻头通过三通与套管一直打孔到煤层,钻杆与高压水管连接,一边用高压水冲刷,一边旋转并前后往返移动钻杆,进行"钻冲",直至钻冲到预定的冲孔深度。冲出的煤、水和瓦斯通过三通,经射流泵送入沉淀池。

4. 使用及注意事项

(1)水力冲孔措施一般适用于打钻时具有自喷(喷煤、喷瓦斯)现象的煤层。

(2)为了保证冲孔过程中的安全,可使用三通管,以便将煤、水、瓦斯引至回风流中。

(3)水力冲孔后进行爆破时,为了防止煤层内有空洞,可能引

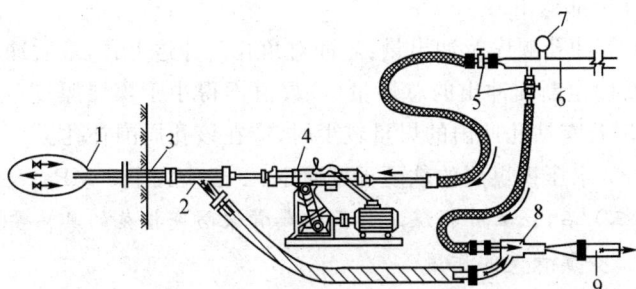

图 11-5　水力冲孔工艺流程示意图

1——套管;2——三通管;3——钻杆;4——钻机;5——阀门;

6——高压水管;7——压力表;8——射流泵;9——排煤水管

起瓦斯积聚,可用水、水泥砂浆预先充填严实。

　　(4)冲孔时应进行考察,以便得出冲孔的有关参数,便于合理布置钻孔。水力冲孔钻孔布置如图 11-6 所示。

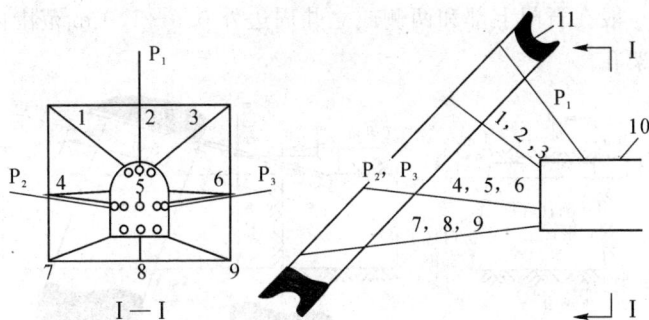

图 11-6　水力冲孔钻孔布置图

1~9——水力冲孔;P_1,P_2,P_3——瓦斯压力孔;10——巷道;11——突出危险煤层

　　(5)石门揭煤工作面到煤层的最小法向距离不小于 5 m。

　　(6)打钻喷煤时,钻杆应减速前进;如果喷出量大,应停止钻进,但不能停钻,必须反复冲洗,等不喷时再钻进;不冲孔时必须把钻杆全部退出。

（7）冲孔顺序及冲出量：先冲对角孔后冲边上孔，最后冲中间孔。石门全断面冲出的总煤量（t）数值不得小于煤层厚度（m）乘以 20。若有钻孔冲出的煤量较少时，应在该孔周围补孔。

（8）水压视煤层的软硬程度而定，一般应大于 3 MPa。

（三）石门、立井揭煤工作面金属骨架防突措施的具体要求

1. 金属骨架的作用

金属骨架是将钢管或钢轨插入预先在工作面断面周边处布置的钻孔内，[其前端伸入煤层的顶（底）板岩石中，后端支撑在靠近工作面中的支架上]形成超前支护。

主要作用是依靠金属骨架加强工作面前方煤体的稳定性。其次是通过安装金属骨架的钻孔，排放钻孔附近煤体中的瓦斯并缓和煤体的应力紧张状态。

2. 布孔范围（如图 11-7 所示）

一般在石门上部和两侧或立井周边外 0.5～1.0 m 范围内布置骨架孔。

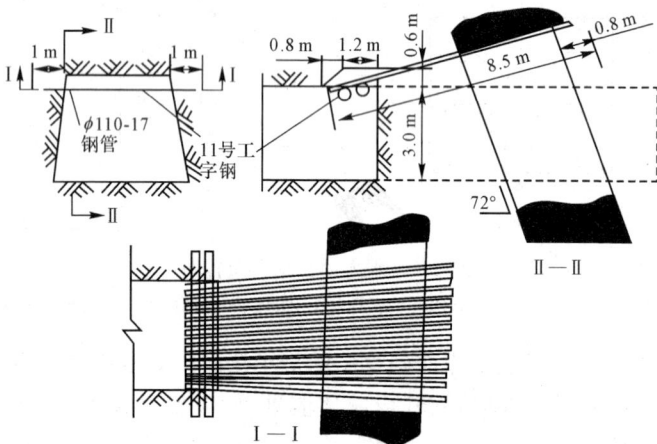

图 11-7　石门揭煤金属骨架布孔图

3. 使用金属骨架措施的要求

（1）在揭开具有软煤和软围岩的薄及中厚突出煤层时，可采用金属骨架。金属骨架应当在采用了其他防突措施并检验有效后方可在揭开煤层前实施。

（2）在石门上部和两侧或立井周边外 0.5~1.0 m 范围内布置骨架孔。

（3）骨架钻孔穿过煤层并进入煤层顶（底）板至少 0.5 m，当钻孔不能一次施工至煤层顶（底）板时，进入煤层的深度不应小于 15 m。

（4）钻孔间距一般不大于 0.3 m，对于软煤要架两排金属骨架，钻孔间距应小于 0.2 m。

（5）骨架材料可选用 8 kg/m 的钢轨、型钢或直径不小于 50 mm 钢管，其伸出孔外端用金属框架支撑或砌入碹内。

（6）打完骨架孔后，应及时清除钻孔内的煤屑和岩渣，然后立即插入金属骨架，并向孔内灌注水泥砂浆等不燃性固化材料。

（7）石门揭煤工作面到煤层的最小法向距离为 2 m 时，可使用金属骨架防突。

（8）金属骨架安装后至少经过一昼夜才能开始揭煤。揭开煤层后，严禁拆除金属骨架。

（四）石门、立井揭煤工作面煤体固化防突措施的具体要求

1. 煤体固化措施的作用

煤体固化是在石门（井巷）工作面揭开突出危险煤层前，将固化材料注入预先在工作面断面周边处布置的钻孔内，以增加工作面周围煤体的强度，起到防治煤与瓦斯突出的作用。

2. 使用煤体固化措施的要求

（1）煤体固化措施适用于松软煤层，用以增加工作面周围煤体的强度。

（2）向煤体注入固化材料的钻孔应施工至煤层顶板 0.5 m 以

上,一般钻孔间距不大于 0.5 m,钻孔位于巷道轮廓线外 0.5~2.0 m 的范围内,根据需要也可在巷道轮廓线外布置多排环状钻孔。当钻孔不能一次施工至煤层顶板时,则进入煤层的深度不应小于 10 m。

(3)各钻孔应当在孔口封堵牢固后方可向孔内注入固化材料。可以根据注入压力升高的情况或注入量决定是否停止注入。

(4)固化操作时,所有人员不得正对孔口。

(5)应保持固化带外侧原预抽或排放瓦斯钻孔的自然抽排状态,否则,应打一定数量的排放瓦斯钻孔。

(6)从固化完成到揭煤结束的时间超过 5 d 时,必须重新进行工作面突出危险性预测或措施效果检验。

(五)煤巷掘进工作面采用超前钻孔防突措施的具体要求

1. 超前钻孔措施的作用

超前钻孔措施是在工作面向前方煤体打一定数量的钻孔,并始终保持钻孔有一定的超前距,使工作面前方煤体卸压、抽放或排放瓦斯,并增加煤层的稳定性,达到减弱和防止突出的作用。

2. 采用超前钻孔防治突出的措施的要求

(1)超前钻孔适用于煤层透气性好、煤质较硬的突出煤层。

(2)钻孔直径应当根据煤层赋存条件、地质构造和瓦斯情况确定,一般为 75~120 mm,地质条件变化剧烈地带也可采用直径 42~75 mm 的钻孔。若钻孔直径超过 120 mm 时,必须采用专门的钻进设备和制定专门的施工安全措施。

(3)钻孔在控制范围内应当均匀布置,在煤层的软分层中可适当增加钻孔数。预抽钻孔或超前排放钻孔的孔数、孔底间距等应当根据钻孔的有效抽放或排放半径确定;钻孔的有效抽放或排放半径必须经实测确定。超前钻孔布孔示意图见图 11-8。

(4)巷道两侧轮廓线外钻孔的最小控制范围:近水平、缓倾斜煤层 5 m,倾斜、急倾斜煤层上帮 7 m、下帮 3 m。当煤层厚度大于巷道高度时,在垂直煤层方向上的巷道上部煤层控制范围不小于 7 m,巷道下部煤层控制范围不小于 3 m。

(5)煤层赋存状态发生变化时,应及时探明情况,再重新确定超前钻孔的参数。

(6)必须对超前钻孔进行效果检验。如果经检验措施无效,必须补打钻孔或采取其他补充措施。

(7)超前钻孔施工前应加强工作面支护,打好迎面支架,背好工作面煤壁。

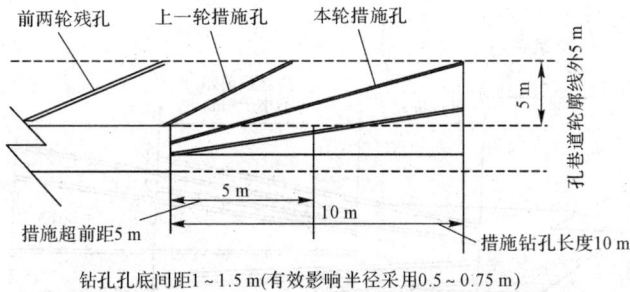

钻孔孔底间距1~1.5 m(有效影响半径采用0.5~0.75 m)

图 11-8 超前钻孔布孔示意图

(六)煤巷掘进工作面采用松动爆破防突措施的具体要求

1. 松动爆破防突措施的作用

松动爆破的主要作用是在巷道的压力集中区中,使用火药的爆炸威力,人为地改变煤的力学性能,增加煤的裂隙,促使应力前移,原有的集中压力区转变为卸压区。瓦斯压力降低,煤层瓦斯得以排放,工作面前方卸压区域扩大,为煤巷的掘进创造较好的安全条件。

2. 松动爆破的布孔原则

使用松动爆破时,必须有专门的施工设计。钻孔应布置在工作面的上方与中部,能使巷道周边 3 m 以内处于深孔松动爆破的影响范围内。钻孔的数量视煤层厚度与巷道断面而定,松动爆破的有效影响半径应通过实测确定。如留有 5 m 的超前距离,从第 6 m 开始装药直到孔底,即两次爆破之间要留有 1 m 的完好煤体,防止由于受到上次爆破的作用,使煤体产生的裂隙导致火药爆破效果不佳。在完好煤体中的钻孔,必须用炮泥堵严,其余的也必须用炮泥或水炮泥充填。起爆采用串并联方式。由于孔长,要采取特别装药方法。爆破应在反向风门之外,采用远距离爆破,以确保人身安全。钻孔布置如图 11-9 所示,装药和封孔结构如图 11-10 所示。

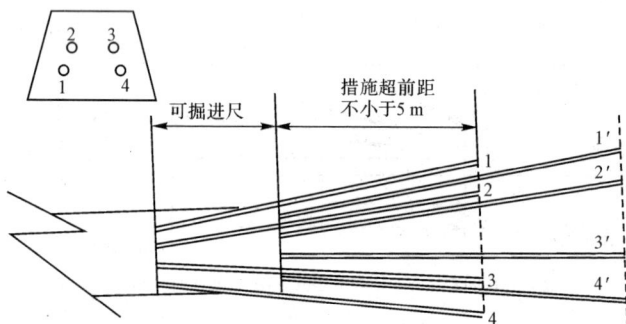

图 11-9　松动爆破钻孔布置图

1、2、3、4——上次循环爆破孔;1′、2′、3′、4′——本次循环爆破孔

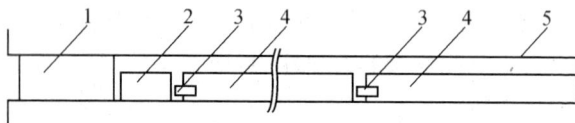

图 11-10　松动爆破孔装药和封孔结构图

1——炮泥;2——水炮泥;3——雷管;4——炸药筒;5——钻孔

3. 采用松动爆破防治突出时的要求

(1)松动爆破孔的孔径为 42 mm,孔深不得小于 8 m。松动爆破应控制到巷道轮廓线外 3 m 的范围。孔数应根据松动爆破

有效影响半径确定。松动爆破的有效影响半径通过实测确定。

（2）松动爆破的装药长度为孔长减去 5.5～6.0 m。

（3）松动爆破按远距离爆破的要求执行（即撤人、停电、设警戒、远距离爆破、反向风门等安全措施，并在爆破 30 min 后方能进入工作面检查）。

（4）松动爆破后，必须按规定进行措施效果检验。如果措施无效，必须采取补救措施。

（七）煤巷掘进工作面水力冲孔防突措施的具体要求

石门揭煤和煤巷掘进都可以采用水力冲孔防突措施。但煤巷掘进冲孔时由于没有岩层作安全屏障，冲孔更应注意安全问题。其具体要求有：

（1）在厚度不超过 4 m 的突出煤层，按扇形布置至少 5 个孔，如图 11-11 所示。在地质构造破坏带或煤层较厚时，适当增加孔数。孔底间距控制在 3 m 左右，孔深通常为 20～25 m，冲孔钻孔超前掘进工作面的距离不得小于 5 m。冲孔孔道沿软分层前进。

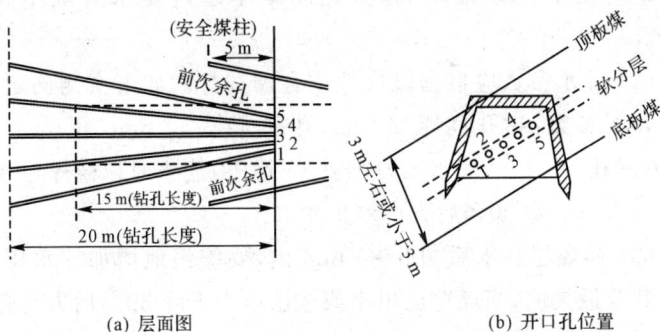

(a) 层面图　　　　　　　　　　(b) 开口孔位置

图 11-11　煤巷水力冲孔布孔图

（2）冲孔前，掘进工作面必须架设迎面支架，并用木板和立柱背紧背牢，对冲孔地点的巷道支架必须检查和加固。冲孔后或暂停冲孔时，退出钻杆，并将导管内的煤冲洗出来，以防止煤、水、瓦斯突然喷出伤人。

（八）煤巷掘进工作面水力疏松防突措施的具体要求

1. 水力疏松措施的原理及作用

（1）高压水逐渐破裂煤体，使应力集中带前移，增加了巷道卸压带长度；

（2）高压水使煤层整体移动，煤体疏松，提高煤层透气性，瓦斯压力和瓦斯压力梯度降低；

（3）高压水把煤体疏松的过程中，部分瓦斯得到释放；

（4）疏松结束后，水封闭瓦斯流动通道，使瓦斯由吸附状态转为游离状态更加困难；

（5）使煤体湿润，力学性质发生改变，增强了煤体的塑性，应力分布变得均匀，降低煤体弹性能。

2. 水力疏松防突措施的具体要求

（1）每轮措施后，工作面允许推进度一般不宜超过封孔深度，且保证有足够的超前距离，其孔间距不超过注水有效半径的两倍。

（2）注水参数应根据煤层性质合理选择。如未实测确定，可参考如下参数：钻孔间距 4.0 m，孔径 42～50 mm，孔长 6.0～10 m，封孔 2～4 m，注水压力 13～15 MPa，注水时以煤壁已出水或注水压力下降 30% 后方可停止注水。

（3）向煤层注水后的 3～5 min 内，要缓慢地增加注水压力，逐渐升至最大值，当煤壁已出水或注水压力下降 30% 后方可停止注水，但单孔注水时间不应低于 9 min。若提前漏水，则应在钻孔邻近 2.0 m 处补打注水钻孔。

（4）当煤厚小于 1.0 m 或大于 6 m 时，建议不用水力疏松措施进行防突。

（5）注水应制定可靠的安全措施。

（九）煤巷掘进工作面前探支架防突措施的具体要求

1. 前探支架防突措施的作用

依靠插入的钢管或钢轨，加强工作面前方煤体的稳定性。同时通过安装钢管或钢轨的钻孔，排放钻孔附近煤体中的一部分瓦斯及缓和煤体的应力状态。

2. 前探支架防突措施的具体要求

（1）前探支架可用于松软煤层的平巷掘进工作面。使用时向工作面前方打钻孔，将钢管或钢轨插入打好的钻孔内，形成超前支护。

（2）其长度可按两次掘进循环的长度再加 0.5 m，每掘进一次打一排钻孔，形成两排钻孔交替前进，钻孔间距为 0.2～0.3 m。

（十）采煤工作面采用超前排放钻孔和预抽瓦斯防突措施的具体要求

（1）钻孔直径一般为 75～120 mm。

（2）钻孔在控制范围内应当均匀布置，在煤层的软分层中可适当增加钻孔数。

（3）超前排放钻孔和预抽钻孔的孔数、孔底间距等应当根据钻孔的有效排放或抽放半径确定。

（十一）采煤工作面松动爆破防突措施的具体要求

（1）采煤工作面的松动爆破防突措施适用于煤质较硬、围岩稳定性较好的煤层。

（2）松动爆破孔间距根据实际情况确定，一般 2～3 m，孔深不小于 5 m，炮泥封孔长度不得小于 1 m。

（3）适当控制装药量，以免孔口煤壁垮塌。

（4）松动爆破时，应当按远距离爆破的要求执行。

（十二）采煤工作面浅孔注水防突措施的具体要求

（1）用于煤质较硬的突出煤层。

（2）注水孔间距根据实际情况确定，孔深不小于 4 m，向煤体注水压力不得低于 8 MPa。

（3）当发现水由煤壁或相邻注水钻孔中流出时，即可停止注水。

第三节　工作面防突措施效果检验

一、工作面防突措施效果检验的必要性及实质

（一）效检的必要性

（1）任何一种防治突出措施只在一定的矿山地质条件下有效，当条件发生变化时，就可能失效，而在大多数情况下地质构造破坏带又不能事先预测出来，这就决定了必须对所运用的防突措施在该实际条件下的防突效果进行检验。

（2）各种防突措施的技术参数都是根据一定的地质、开采条件决定的，当条件改变而参数不能相应调整时，会影响到防突措施的效果，当所实施的工作面防突措施不能按设计要求施工时，也会影响到防突措施的效果。因此，必须对所应用的防突措施有效性进行检验，以便事先就能确定参数并及时采取补救措施。

（3）防突措施效果检验是减少突出事故，保证安全生产必不可少的一个环节。

（二）效检实质

防突措施效果检验，也就是在所运用的防突措施影响范围内进行的预测。

检验防突措施效果，首先应检验工作面前方煤体应力状态和瓦斯状态的改变程度，以判断是否已消除了突出危险性。原则上所有的突出预测方法都适用于防突措施效果检验。所以，效检方法和效检临界值指标与突出预测的一致。

二、效果检验主要内容及效检孔布置要求

（一）效检主要内容

检查所实施的工作面防突措施是否达到了设计要求和是否

满足有关的规章、标准等;了解、收集工作面及实施措施的相关情况、突出预兆(包括喷孔、卡钻等)等,作为措施效果检验报告的内容之一,用于综合分析、判断。

防突专门机构必须按要求填写防治突出措施效果检验单,并报矿技术负责人审批。

（二）效检钻孔布置要求

在实施钻孔法防突措施效果检验时,为了避开措施孔有效范围产生的影响,尽可能使效果检验指标准确,分布在工作面各部位的检验钻孔应布置于所在部位防突措施钻孔密度相对较小、孔间距相对较大的位置,并远离周围的各防突措施钻孔或尽可能与周围各防突措施钻孔保持等距离。在地质构造复杂地带应根据情况适当增加检验钻孔。

三、石门和其他揭煤工作面防突效果检验

（一）效检方法

钻屑瓦斯解吸指标法或其他经试验证实有效的方法。

（二）效检孔布置

所有用钻孔方式检验的方法中检验孔数均不得少于 5 个,分别位于石门的上部、中部、下部和两侧。

（三）效检后判定及处理

采用钻屑瓦斯解吸指标判定时,当临界值小于这一指标,同时工作面未发现如钻孔喷孔、顶钻等动力现象或突出预兆等异常情况,则措施有效。反之,判定为措施无效,必须重新实施防突措施,并再次进行效果检验,直至措施有效为止。

四、煤巷掘进工作面防突效果检验

（一）效检方法

选择钻屑指标法、复合指标法、R 值指标法及其他经试验证实有效的方法进行措施效果检验。

（二）效检孔布置

检验孔应当不少于 3 个,深度应当小于或等于防突措施钻孔,检验孔打在措施孔中间。

（三）效检后判定及处理

如检验结果的各项指标都在该煤层突出危险临界值以下,同时工作面未发现如钻孔喷孔、顶钻等动力现象或突出预兆等异常情况,则措施有效。反之,判定为措施无效,必须重新实施防突措施,并再次进行效果检验,直至措施有效为止。

一般为了安全,当检验结果措施有效时,如果检验孔深度与防突措施钻孔向巷道掘进方向的投影长度相等,且掘进工作面允许的进尺量在巷道掘进方向留有足够的措施孔超前距（正常条件下防突措施超前距为 5 m,在地质构造破坏严重地带不小于 7 m）,则可在采取安全防护措施的条件下掘进;如果检验孔的投影孔深小于防突措施钻孔深度,则掘进工作面允许的进尺量在巷道掘进方向留有足够的防突措施孔超前距和不小于 2 m 的检验孔超前距,并采取安全防护措施后实施掘进作业。

五、采煤工作面防突措施的效果检验

（一）效检方法

与煤巷掘进工作面效检方法相同。

（二）效检孔布置

沿采煤工作面每隔 10～15 m 布置一个检验钻孔,深度应当小于或等于防突措施钻孔。

（三）效检后判定及处理

如果采煤工作面检验指标均小于指标临界值,且未发现其他异常情况,则措施有效;否则,判定为措施无效。

当检验结果措施有效时,若检验孔与防突措施钻孔深度相等,则可在留足防突措施超前距（正常条件下防突措施超前距为 3 m,在地质构造破坏严重地带不小于 5 m）并采取安全防护措施的条件下回采。当检验孔的深度小于防突措施钻孔时,则应当在留足所需的防突措施超前距并同时保留有 2 m 检验孔超前距的条件下,采取安全防护措施后实施回采作业。

第四节　安全防护措施

安全防护措施是为了防止突出预测失误或防治突出技术措施失效而采取的一种安全保护措施,以避免发生意外的瓦斯灾害。安全防护措施包括:远距离爆破、反向风门、避难所、压风自救系统、防护挡栏、佩戴隔离式自救器等。

一、避难所

井下避难所是煤矿发生灾害,人员无法撤退时的避难场所,是煤矿工人最重要的安全防线之一。

《防突规定》要求,有突出煤层的采区必须设置采区避难所。避难所的位置应当根据实际情况确定。突出煤层的采掘工作面应设置工作面避难所或压风自救系统。应根据具体情况设置其中之一或混合设置,但掘进距离超过 500 m 的巷道内必须设置工作面避难所。

避难所分为永久性和临时性两种。

1. 永久性避难所

永久性避难所是按照井下发生事故时的避难要求预先设置好的避难场所,设置在井底车场附近的称为中央避难所,设置在采区安全出口路线上的称为采区避难所。永久性避难所内备有供避难者呼吸的供气设备(充满氧气的氧气瓶或压气管和减压装置)、自救器、药品和饮水等。设在采区安全出口路线上的避难所,距人员集中工作地点不超过 500 m,大小能容纳采区全体人员。

井下避难所应符合下列要求:

（1）采区避难所设置在采区安全出口路线上，距工作面的距离根据矿井生产的具体条件确定。

（2）避难所必须设置隔离门，避难所的净高不得低于 1.8 m，其长度应根据同时避难的最多人数确定。

（3）避难所在使用期间必须采用正压通风。

（4）避难所内必须设有空气供给设施，每人供风量按不少于 0.3 m³/min 计算。如果用压缩空气供风，应有减压装置和带有阀门控制的呼吸管嘴。

（5）避难所内应根据避难的最多人数配备足够数量的自救器、药品和饮水等。

（6）避难所应构筑坚固，严密不透气。

2. 临时避难所

临时避难所是在井下发生灾害事故后人员无法撤退时，临时构筑的避难场所。可以根据当时当地的环境与条件，利用当地的独头巷、所或两道通风门之间的巷道，由避难人员自己动手构筑。可用身边现有材料如木板、木桩、黏土、砂子、砖头或衣物等。为此，事先应在这些地点准备些木板、木桩、黏土、砂子或砖头等材料，在有压气的条件下，还应装有压气管路和阀门。如果没有上述材料时，还可以用衣服和身边的现有材料构筑临时避难所。临时避难所机动灵活，构筑方便，正确地利用它，往往能发挥很好的救护作用。

3. 采区避难所设置要求

避难所设置向外开启的隔离门，隔离门设置标准按照反向风门标准安设。室内净高不得低于 2 m，深度满足扩散通风的要求，长度和宽度应根据可能同时避难的人数确定，但至少能满足 15人避难，且每人使用面积不得少于 0.5 m²。避难所内支护保持良好，并设有与矿（井）调度室直通的电话。

避难所内放置足量的饮用水，安设供给空气的设施，每人供风量不得少于 0.3 m³/min。如果用压缩空气供风,应设有减压装置和带有阀门控制的呼吸嘴。

避难所内应根据设计的最多避难人数配备足够数量的隔离式自救器。

4. 工作面避难所设置要求

掘进距离超过 500 m 的巷道内必须设置工作面避难所。

工作面避难所应当设在采掘工作面附近和爆破工操纵爆破的地点。根据具体条件确定避难所的数量及其距采掘工作面的距离。工作面避难所应当能够满足工作面最多作业人数时的避难要求,其他要求与采区避难所相同。

5. 避难时注意事项

在避难所避难待救时应注意下列事项:

(1)进入避难所前,应在外面留有矿灯、衣服、工具等明显标志,以便矿山救护队到来时能够发现。

(2)避难人员在避难所中应静卧,避免不必要的体力和氧气消耗,以便延长避难时间。

(3)在避难中,要保持良好的精神和心理状态,要克服困难,坚定信念;切不可悲观消极与急躁。

(4)所内只留一盏矿灯照明,其余熄灭,以便延长照明时间以备升井时使用。自救器、急救袋暂时可以不用的应尽量停止使用,一方面以备延长待救时间,另一方面以备重伤员抢救之用。

(5)在所内可以间断地敲打铁器、铁管子等,发出呼救信号。

(6)在避难时,要密切注意避难地点附近风流和瓦斯的情况,要加强避难地点的防护,不断改善生存条件争取待救时间(进入有压风管的避难所时,应立即打开压风管)。若避难地点条件恶化,有可能危及人员的生命安全时,应立即转移到附近安全地点。

(7)被水堵围在上山的人员,在水排出时,也不要急于出来,以防二氧化碳、硫化氢等中毒。

（8）看到救护人员后，不要过于激动，以防血管破裂。

（9）避难时间过长被救后，不能过多饮食和见到强烈光线，以防损伤消化器官和眼。

二、反向风门

1. 作用及设置地点

反向风门是为防止突出时大量瓦斯逆流进入进风巷道而设置的通风设施，设置地点是在突出煤层的石门揭煤和煤巷掘进工作面进风侧。

2. 设置及使用要求

（1）必须设置至少 2 道牢固可靠的反向风门。风门之间的距离不得小于 4 m。

（2）反向风门距工作面的距离和反向风门的组数，应当根据掘进工作面的通风系统和预计的突出强度确定，但反向风门距工作面回风巷的距离不得小于 10 m，与工作面的最近距离一般不得小于 70 m，如小于 70 m 应设置至少 3 道反向风门。

（3）反向风门墙垛可用砖、料石或混凝土砌筑，嵌入巷道周边岩石的深度可根据岩石的性质确定，但不得小于 0.2 m；墙垛厚度不得小于 0.8 m。在煤巷构筑反向风门时，风门墙体四周必须掏槽，掏槽深度见硬帮硬底后再进入实体煤不小于 0.5 m。通过反向风门墙垛的风筒、水沟、刮板输送机道等，必须设有逆向隔断装置（图 11-12）。

（4）人员进入工作面时必须把反向风门打开、顶牢。工作面爆破和无人时，反向风门必须关闭。

三、防护挡栏

1. 作用及设置地点

防护挡栏是为降低爆破诱发突出的强度，减少对生产的危害，而在炮掘工作面设立的设施。

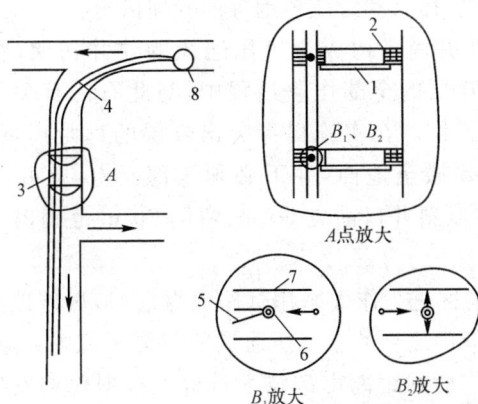

图 11-12　反向风门和防逆流装置

1——木质带铁皮风门；2——风门垛；3——铁风筒；4——软质风筒；

5——防止瓦斯逆流装置；6——防止瓦斯逆流铁板立轴；7——定位圈；

8——局部通风机；B_1——正常通风时防止瓦斯逆流铁板位置；

B_2——突然逆风时防止瓦斯逆流铁板位置

2. 设置及使用要求

(1) 挡栏可以用金属、矸石或木垛等构成。

(2) 金属挡栏一般是由槽钢排列成的方格框架，框架中槽钢的间隔为 0.4 m，槽钢彼此用卡环固定，使用时在迎工作面的框架上再铺上金属网，然后用木支柱将框架撑成 45°的斜面。

(3) 一组挡栏通常由两架组成，间距为 6~8 m。可根据预计的突出强度在设计中确定挡栏距工作面的距离。

四、远距离爆破

1. 设置地点

设置在井巷揭穿突出煤层和突出煤层的炮掘、炮采工作面。

2. 设置及使用要求

(1) 石门揭煤采用远距离爆破时，必须制定包括爆破地点、避灾路线及停电、撤人和警戒范围等的专项措施。

（2）在矿井尚未构成全风压通风的建井初期，在石门揭穿有突出危险煤层的全部作业过程中，与此石门有关的其他工作面必须停止工作。在实施揭穿突出煤层的远距离爆破时，井下全部人员必须撤至地面，井下必须全部断电，立井口附近地面20 m 范围内或斜井口前方50 m、两侧20 m 范围内严禁有任何火源。

（3）煤巷掘进工作面采用远距离爆破时，爆破地点必须设在进风侧反向风门之外的全风压通风的新鲜风流中或避难所内，爆破地点距工作面的距离由矿技术负责人根据曾经发生的最大突出强度等具体情况确定，但不得小于300 m；采煤工作面爆破地点到工作面的距离由矿技术负责人根据具体情况确定，但不得小于100 m。

（4）远距离爆破时，回风系统必须停电、撤人。爆破后进入工作面检查的时间由矿技术负责人根据情况确定，但不得少于30 min。

五、压风自救系统

1. 设置地点

（1）压风自救装置安装在掘进工作面巷道和采煤工作面巷道内的压缩空气管道上。

（2）以下每个地点都应至少设置一组压风自救装置：距采掘工作面25～40 m 的巷道内、爆破地点、撤离人员与警戒人员所在的位置以及回风道有人作业处等。在长距离的掘进巷道中，应根据实际情况增加设置。

2. 设置及使用要求

每组压风自救装置应可供5～8 个人使用，平均每人的压缩空气供给量不得少于0.1 m^3/min。

第五节　防治岩石与二氧化碳(瓦斯)突出措施

一、概念

突出岩层:在矿井范围内发生过突出的岩层即为岩石与二氧化碳(瓦斯)突出岩层。

岩石突出矿井:在开拓、生产范围内有突出岩层的矿井即为岩石与二氧化碳(瓦斯)突出矿井。

二、突出岩层的局部综合防突措施

在突出岩层内掘进巷道或揭穿该岩层时,必须采取工作面突出危险性预测、工作面防治岩石突出措施、工作面防突措施效果检验、安全防护措施的局部综合防突措施。

当预测有突出危险时,必须采取防治岩石突出措施。只有经措施效果检验证实措施有效后,方可在采取安全防护措施的情况下进行掘进作业。

三、突出危险性预测方法

突出危险性预测采用岩芯法或突出预兆法。

(一)岩芯法

1. 钻取岩芯

在工作面前方岩体内打直径 50~70 mm、长度不小于 10 m 的钻孔,取出全部岩芯,并从孔深 2 m 处起记录岩芯中的圆片数。

2. 判定方法

(1)当取出的岩芯中大部分长度在 150 mm 以上,且有裂缝围绕,个别为小圆柱体或圆片时,预测为一般突出危险地带。

(2)取出的 1 m 长的岩芯内,部分岩芯出现 20~30 个圆片,其余岩芯为长 50~100 mm 的圆柱体并有环状裂隙时,预测为中等突出危险地带。

（3）当 1 m 长的岩芯内具有 20～40 个凸凹状圆片时，预测为严重突出危险地带。

（4）岩芯中没有圆片和岩芯表面上没有环状裂缝时，预测为无突出危险地带。

（二）突出预兆法

具有下列情况之一的，确定为岩石与二氧化碳（瓦斯）突出危险工作面：

（1）岩石呈薄片状或松软碎屑状的；

（2）工作面爆破后，进尺超过炮眼深度的；

（3）有明显的火成岩侵入或工作面二氧化碳（瓦斯）涌出量明显增大的。

四、防突措施

1. 防突措施

采取钻眼爆破工程参数优化、超前钻孔、松动爆破、开卸压槽及在工作面附近设置挡栏等防治岩石与二氧化碳（瓦斯）突出措施。

2. 防突措施要求

（1）在一般或中等程度突出危险地带，可以采用浅孔爆破措施或远距离多段爆破法，以减少对岩体的震动强度、降低突出频率和强度。远距离多段爆破法的做法是，先在工作面打 6 个掏槽眼、6 个辅助眼，呈椭圆形布置，使爆破后形成椭圆形超前孔洞，然后爆破周边炮眼，其炮眼距超前孔洞周边应大于 0.6 m，孔洞超前距不小于 2 m。

（2）在严重突出危险地带，可以采用超前钻孔和松动爆破措施。超前钻孔直径不小于 75 mm，孔数根据巷道断面大小、突出危险岩层赋存及单个排放钻孔有效作用半径考察确定，但不得少于 3 个，孔深应大于 40 m，钻孔超前工作面的安全距离不得小于 5 m。

深孔松动爆破孔径一般为 60～75 mm,孔长 15～25 m,封孔深度不小于 5 m,孔数 4～5 个,其中爆破孔 1～2 个,其他孔不装药,以提高松动效果。

第六节　揭煤工作面综合防突措施

井下掘进巷道由岩层进入煤层的过程叫揭露煤层或揭煤。有石门、立井、斜井不同形式的揭煤方式。

在爆破揭开煤层的瞬间,由于表层突然破碎,煤体应力状态和瓦斯赋存状态突然改变,富含瓦斯的煤层在瓦斯压力和地应力作用下急剧向巷道空间抛出大量煤岩和瓦斯,从而造成揭煤突出。

据统计,在全国煤矿上万次的各类突出事故中,石门揭煤工作面平均突出强度最大,达 316 t/次。千吨以上的特大型突出事故中,石门揭煤工作面突出占 77%。由于石门揭煤是首次揭开煤层,在揭煤前,煤层中的瓦斯由于岩层的透气性差,煤层瓦斯得到较好保存,瓦斯压力大,一旦暴露将有大量瓦斯释放出来。因此石门揭煤很容易发生突出,同时,石门揭煤一旦突出,其规模一般都比较大。

一、揭煤前前探煤层的要求及测压钻孔的布置要求

(1) 石门和立井、斜井揭穿突出煤层前,必须准确控制煤层层位,掌握煤层的赋存位置、形态。

(2) 在揭煤工作面掘进至距煤层最小法向距离 10 m 之前,应当至少打两个穿透煤层全厚且进入顶(底)板不小于 0.5 m 的前探取芯钻孔,并详细记录岩芯资料。当需要测定瓦斯压力时,前探钻孔可用做测定钻孔;若二者不能共用时,则测定钻孔应布置在该区域各钻孔见煤点间距最大的位置。

(3) 在地质构造复杂、岩石破碎的区域,揭煤工作面掘进至距

煤层最小法向距离 20 m 之前必须布置一定数量的前探钻孔,以保证能确切掌握煤层厚度、倾角变化、地质构造和瓦斯情况。

(4)也可用物探等手段探测煤层的层位、赋存形态和底(顶)板岩石致密性等情况。

二、揭煤作业含义及程序

(一)含义

揭煤作业是石门和立井、斜井工作面从距突出煤层底(顶)板的最小法向距离 5 m 开始到穿过煤层进入顶(底)板 2 m(最小法向距离)的过程。

(二)程序

1. 编制揭煤的专项防突措施并报批

揭煤作业前应编制揭煤的专项防突设计,报煤矿企业技术负责人批准。揭煤作业应当具有相应技术能力的专业队伍施工。

2. 探明揭煤工作面和煤层的相对位置(图 11-13)

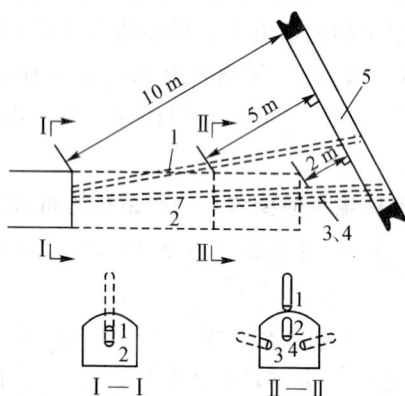

图 11-13　突出煤层前探钻孔布置示意图

1,2——前探钻孔;3,4——测定煤层瓦斯压力钻孔;5——突出危险煤层

在揭煤工作面掘进至距煤层最小法向距离 10 m(地质构造复

杂、岩石破碎的区域为 20 m)之前探测。探测时应当至少打两个穿透煤层全厚且进入顶(底)板不小于 0.5 m 的前探取芯钻孔,并详细记录岩芯资料。

3. 实施区域防突措施

在距煤层的最小法向距离 7 m 之前施工石门揭煤区域预抽煤层瓦斯区域防突措施,并进行效果检验,直到有效。

4. 进行工作面预测(或区域验证)

工作面预测在揭煤工作面距煤层最小法向距离 5 m 前进行。

5. 实施工作面防突措施

揭煤工作面的防突措施很多,实施这些措施时要与突出煤层相距适当距离。其最小法向距离为:预抽瓦斯、排放钻孔及水力冲孔均为 5 m,金属骨架、煤体固化措施为 2 m。当井巷断面较大、岩石破碎程度较高时,还应适当加大距离。

6. 实施工作面措施效果检验

检验后,若措施无效,仍要继续实施防突措施,直到措施有效。

7. 采用前探孔或物探法边探边掘,直至进到远距离爆破揭穿煤层前的工作面位置

石门、斜井揭煤工作面与煤层间的最小法向距离是:急倾斜煤层 2 m,其他煤层 1.5 m。要求立井揭煤工作面与煤层间的最小法向距离是:急倾斜煤层 1.5 m,其他煤层 2 m。如果岩石松软、破碎,还应适当增加法向距离。

8. 进行最后验证直至为无突出危险工作面

采用工作面预测的方法进行最后验证,若经验证仍为突出危险工作面时则再次实施工作面防突措施,直到验证为无突出危险工作面。

9. 实施远距离爆破揭穿煤层,直至完全揭穿

在采取安全防护措施的条件下采用远距离爆破揭穿煤层。

如果首次揭煤的远距离爆破未能一次揭穿煤层,则继续按照揭煤的安全、技术措施"过煤门",直到进入煤层顶板或底板 2 m 以上(巷道全部成型、支护完好)。在完成以上工作后,石门揭煤作业才算完成。

第十二章　瓦斯防突工高级工技能知识

第一节　瓦斯资料收集及瓦斯地质图的编制

一、瓦斯地质资料及突出资料的收集

（一）瓦斯地质资料的收集内容

高压瓦斯应力的存在，是煤与瓦斯突出发生的一个重要影响因素。瓦斯地质资料的收集，对于煤矿研究矿井瓦斯的规律，制定切实有效的防突措施有着积极重要的意义。地质资料的收集有如下内容：

（1）收集各个钻孔的开孔位置，包括距控制点（防突基点）的距离、距巷道两帮的距离和开孔的高度，竣工钻孔的方位和倾角，钻孔位置、煤层位置、构造形态等数据，并填在平面图上。

（2）收集整理编图范围内钻孔的长度以及钻进长度内出现的喷孔、垮孔和顶（卡）钻现象。整理钻孔喷煤时喷出的距离，总结钻孔不到位的原因。实施防突措施前后和实施过程中的瓦斯变化情况。

（3）收集实施防突措施地点的煤层厚度、产状要素以及软分层厚度和煤层各分层的破坏类型。

（4）企业每年都必须对全年的防突技术资料进行系统分析总结，提出整改措施。

（二）发生突出事故后资料的收集

1. 收集资料时的注意事项

（1）《防突规定》要求，发生突出事故后，防突工必须及时到现

场收集突出资料。

（2）必须经煤矿总工程师批准后才能进入突出现场,并且必须有 2 名防突工一起,同时必须要携带压缩氧自救器和瓦斯检查仪及收集资料所需的地质罗盘、皮尺等工具。

（3）必须待突出地点的瓦斯浓度下降后才能进入突出现场收集资料。特殊情况下需要及时收集数据时,必须根据现场实际状况由矿总工程师同意,并指派矿山救护队员或瓦斯检查工与防突工一起进入现场,并按指定的路线出入。

（4）在进入现场时,要随时检查进入线路的瓦斯浓度。

（5）到达突出现场后,要认真观察巷道支护和顶板岩石情况。如顶板有悬矸,应及时处理;如巷道的支护被突出破坏,要认真观察围岩状况,只有在保证自身安全的前提下,方可进入,如不能保证自身安全,则严禁进入。

2. 收集资料的内容

当突出事故发生后,应该及时收集以下数据,以便对事故作出正确的判断:

（1）收集发生突出工作面进、回风巷道以及突出孔口、孔内的瓦斯浓度数据。

（2）测算突出抛出的煤炭的距离、堆积高度和形态以及煤炭堆积角度。

（3）观察和评估所抛出的煤有无分选、堆积情况,特别注意观察有无煤粉及煤粉厚度和位置。

（4）突出对巷道支护的破坏范围和破坏形态以及对其他设施的损害状况。

（5）突出后显示孔洞的位置、形态、大小、深度和高度以及孔洞的轴线方位和倾角等。

（6）突出点附近的煤层产状要素(倾向、倾角)、结构、厚度、软分层厚度等。

（7）突出孔临近煤层的松软煤体范围、煤体内的空隙、缝隙宽度长度和方位等变化情况。

（8）在资料收集完整并做好记录的同时,应作好素描图。

二、突出资料的整理

《防突规定》要求,收集的资料出井后,必须在地面将收集的资料整理成台账或卡片,并绘制成图纸,提交专题调查报告。所有有关突出工作的资料均应存档并长期保存,以便作为进行突出原因的分析、突出事故处理的依据,并为以后在采掘生产活动中编制防突措施提供可靠的依据。

（一）突出资料的整理

1. 突出煤量的计算

（1）根据突出孔洞的几何形状计算出突出的煤的体积(m^3),再乘以煤的平均密度。

（2）根据突出所抛出的煤在巷道中堆积的形态(长度、宽度、高度)计算出体积(m^3),再乘以松散煤的密度。

（3）根据突出后清理突出煤体的装车车数或皮带输送量,计算出突出煤量。

2. 突出瓦斯量的计算

突出瓦斯量是指从发生突出开始至瓦斯浓度下降到突出前工作面的正常瓦斯浓度的这段时间的瓦斯量减去工作面这段时间内正常瓦斯涌出量。瓦斯量按下式计算：

$$瓦斯量(m^3) = 风量(m^3/min) \times 瓦斯浓度(\%)$$

测算突出瓦斯量时,利用瓦斯监测仪取得突出工作面回风流的瓦斯浓度和测定的风量进行计算。若工作面回风流的瓦斯监测仪被损坏,可利用该采区或矿井回风流的瓦斯监测仪对该采区或矿井回风量进行计算。

3. 建立突出台账和突出卡片

（1）突出台账

　　内容有:突出点位置(突出地点距石门或主要巷道的距离),突出点坐标,突出时间,突出类型(突出、喷出或压出),突出煤层名称,突出煤量,突出瓦斯量,突出伤亡情况,该煤层累计突出次数,突出前工作面使用的作业工具,突出前采取的防突措施,突出地点的煤层特征(倾角、厚度、软分层厚度),地质构造形态等。

　　(2)建立突出卡片

　　突出卡片除有突出台账的内容外,还应有突出前后工作面的瓦斯浓度、风量随时间的变化情况,煤种类型,顶(底)板岩性,邻近煤层开采情况,地质构造描述,工作面支护形式,空顶距离,棚间距离,支护质量,工作面通风方式,突出前采取的防突措施,突出预兆,突出前及突出时发生过程的描述,突出点距地表的垂直深度,巷道类型,突出孔洞形状,轴线方向,轴线倾角,突出煤抛出距离及堆积角,突出煤的粒度分级堆积情况,突出地点附近围岩及煤层破碎情况、动力效应(支架及其他物体破坏情况),突出孔洞及附近煤层平面图、剖面图,突出煤堆积的平面图、剖面图等。

　　4. 进行煤矿突出汇总情况统计

　　《防突规定》要求,煤与瓦斯突出矿井,每年都必须对所有的突出现象进行汇总,并建立矿井突出汇总表。从表中能清晰地看出每年矿井发生突出的次数,各煤层发生突出的次数,突出量;回采、掘进及上山发生的突出次数等。能为矿井宏观掌握突出情况、分析突出原因、采取针对性的防突措施进行综合评价。

　　(二)突出资料的分析

　　发生煤与瓦斯突出后,必须及时收集和整理突出资料,对突出原因进行分析,以便吸取教训,对下一步的采掘活动采取针对性的防突措施。

　　在分析突出原因时,应从全方位考虑与突出有关的问题,最后得出分析结果。突出原因应从以下几方面进行分析。

1. 区域构造应力

如果发生突出的区域有较大地质构造(向斜、背斜及断层等)存在,突出点在构造部位的位置,煤层走向或倾斜方向有区域性的较大变化,区域内小构造复杂,区域两翼有大构造,那么该区域内就存在构造应力和产生构造应力倾向。地质构造区的压应力和扭应力是最容易引发突出的构造应力,同时区域内复杂的小构造形成的构造应力也容易引发突出。

2. 区域矿山压力和采动应力

(1) 区域矿山压力:突出部位越深、垂直于地表的岩石厚度越厚,矿山压力越大,越容易发生突出。

(2) 采动应力:采掘工作面发生突出的部位邻近煤层或本煤层有无已停采和停掘的工作面,突出部位是否在采动应力的影响范围。

对采掘工作面前方的应力影响范围应进行检测,若未进行实测,可参考下面数据进行考虑:采煤工作面前方应力逐渐上升,至30 m时为最大值,30 m后逐渐下降,至120 m时恢复到原始应力值;掘进工作面前方4～6 m为应力最大值,以后逐渐下降,至10～12 m时恢复到原始应力值。

采动应力影响范围最容易发生突出,特别是应力高峰值部位更易发生突出。

3. 邻近工作面突出情况

包括突出工作面两翼和上、下部的本煤层以及邻近煤层是否发生过突出,突出点与构造的关系,构造延展与工作面突出点的关系。

4. 煤体结构对比

突出点煤体与工作面正常区域的煤体结构(煤层厚度、各分层厚度、煤的光泽度、煤受破坏的类型等)是否存在差异。

5. 瓦斯情况

煤与瓦斯突出前,发现瓦斯忽大忽小、喷瓦斯、有哨声和喷煤等瓦斯应力现象时,说明突出危险较大。

6. 防突措施

针对突出前实施的防突措施,包括突出前 1～3 个循环实施防突措施的突出危险性预测、防突措施的效果检验、防突措施的控制范围、实施防突钻孔时的异常情况及煤层结构、地质变化等进行分析。

7. 突出前的作业方式

包括落煤工具、炮眼个数和深度、装药量和支护情况等,也是影响突出的因素。

8. 发生突出的过程

包括突出前工作面出现的瓦斯、地压显现以及煤体结构方面异常情况,突出后煤炭抛出情况和瓦斯涌出量情况等。

三、瓦斯地质图的编制

(一)系统整理瓦斯地质历史资料

瓦斯地质图有瓦斯地质柱状图、瓦斯地质剖面图、瓦斯地质平面图及其他有关图件,应根据所要编瓦斯地质图件的种类和各自要求的内容,对有关的瓦斯和地质方面的资料分别进行收集归纳、系统整理和统计分析。

1. 瓦斯资料的整理

要想在所绘图上客观反映瓦斯面貌,需要进行大量的整理和分析工作。主要包括以下内容:

(1)收集整理编图范围内各钻孔的实测煤层瓦斯含量资料,整理分析,并填在平面图上。

(2)系统收集整理矿井瓦斯涌出资料。收集历史瓦斯鉴定资料、矿井瓦斯日报表和通风月(旬)报表,建立瓦斯涌出量台账,并收集矿井采掘交换图和产量报表配合使用。参照地质填图的方法,把各项瓦斯数据填绘在采掘工程平面图上(掘进巷道按旬填绘绝对瓦斯涌出量,采煤工作面按月填绘相对瓦斯涌出量）。

需要指出的是,矿井中实测的各种瓦斯参数除了自然因素对其影响外,还受采掘工程部位、测定地点、测量仪器及一些人为因素的影响。我们在选用瓦斯资料时要进行筛选,尽可能排除人为因素的干扰,认真逐点进行分析后再决定取舍,这样才能在图纸上较准确地反映地质条件改变所引起瓦斯涌出量的变化。否则会给编图带来困难。

（3）整理矿井历年瓦斯突出资料（突出点编号、坐标、突出类型、突出强度、突出瓦斯量、突出孔洞特征、突出点地质特征、突出原因等）。要逐点填写卡片并列表登记,按坐标展绘。

（4）收集瓦斯喷出点、异常涌出点、煤层瓦斯压力等测试资料,并归纳列表。各种瓦斯资料经核实后,方可使用。

瓦斯资料的填绘,应遵循由近及远的原则,先充实最近的资料,再收集前期的资料。对于因为各种客观原因缺失的瓦斯资料,可请熟悉当时情况的有关人员收集和整理,应采用多种方式尽可能将残缺部分的数据进行弥补,为编图工作提供参考数据。

2. 地质资料的整理

地质资料的整理主要有以下内容:

（1）含煤岩系特征;

（2）煤层围岩岩性及其变化;

（3）区域地质构造和井田地质构造;

（4）煤层层数、厚度及其变化;

（5）煤的变质程度;

（6）煤岩层产状及其变化;

（7）煤质和煤体结构;

（8）其他地质条件等。

对于基建矿井和新井以整理勘探地质资料为主,对于生产矿井则从整理建井和生产地质资料两方面入手。通过整理和分析,把各项地质因素转换成多种地质参数,供编图时使用。各项原始资料整理好后要逐一进行审查。

（二）瓦斯地质的综合分析

影响瓦斯赋存和突出的地质因素很多,但其主导作用的因素会随各矿地质条件的差异而有所区别。整理和综合分析有关资料是很重要的一项工作,也是编图的关键。

瓦斯综合分析时,首先要定性分析与瓦斯赋存和突出分布有关的各项地质因素,其次要在诸多因素中筛选主导作用的因素,再定量分析不同因素的贡献。并在图上给予重点表示,在分析瓦斯与地质之间的关系时要从单项因素着手,逐步联系、逐项叠加,使认识水平不断提高、不断深化。

（三）瓦斯地质图的编图方法

瓦斯地质编图原则上采用地质编图的基本原理和方法,但需要将瓦斯资料和地质资料有机地结合在一起。

1. 编图步骤

（1）整理资料;

（2）综合分析;

（3）展绘资料;

（4）分项勾绘各种等值线;

（5）进行瓦斯区划和地质区划;

（6）划分瓦斯地质单元。

在连绘各项瓦斯参数等值线时,要考虑该参数已确认的一些规律,更应注意地质条件变化对它的影响。

2. 瓦斯含量等值线的一般规律

（1）在一定深度范围内,煤层瓦斯含量与深度成正比增加。

（2）煤层产状稳定时,瓦斯含量等值线大致与煤层走向平行。

在应用上述规律时要注意地质构造条件的变化和影响。煤层瓦斯含量受埋藏深度、地质构造及煤层厚度多方面的影响。瓦斯含量随埋藏深度增加,但在一定深度上有可能已接近极限值。所以煤层埋藏较深(约在 600 m 以上)时,进行等值线外推就要慎重,而且范围不能太大。要认真分析在褶曲、断层等地质构造下瓦斯含量的变化情况。由于瓦斯分布具有不均衡的特点,因此可能出现一系列等值线圈闭的块段等。这些都是在连绘等值线时需要特别注意的因素。

在编图时,要把点、线、面三者结合起来,适当决定材料的取舍。图纸上要有一定数量的充实可靠的各种实际材料点,并且要连绘一定数量的等值线。还应在各种点线的基础上圈出块段,建立起面的概念,给人以总体认识。一张图纸上点、线、面三者要兼顾,布局要合理,这样才能使图纸清晰醒目,观点明确,重点突出,说明问题。

(四)编制瓦斯地质图应注意的问题

(1)瓦斯地质图是一种综合图、系列图。瓦斯地质图既不是瓦斯图,也不是地质图,亦非二者简单的叠加,是把瓦斯因素和地质因素两者有机地结合起来。

(2)瓦斯地质图应有统一的要求。为便于资料的整理、分析和使用,对资料的种类、内容、图例等参数要有统一的要求。

(3)瓦斯地质图要反映预测成果(瓦斯涌出量预测、瓦斯含量预测、突出危险性预测),以满足煤矿安全生产的需要。

(4)瓦斯含量等值线在复杂地质条件下的外推要符合实际条件。

(5)兼顾点、线、面三者的统一。

编制瓦斯地质图是煤矿瓦斯研究的一项重要手段,通过瓦斯地质图可以掌握瓦斯地质规律也可作为突出预测的依据,是煤矿安全生产的一个重要的环节。

第二节　煤层瓦斯含量测定

一、煤层瓦斯含量

煤层瓦斯含量是煤层瓦斯主要参数之一,是矿井进行瓦斯涌出量预测和煤与瓦斯突出预测的重要基础参数。

单位重量煤中所含有的换算成标准状态下(20 ℃,0.1 MPa)的瓦斯体积称之为煤层瓦斯含量,单位 m^3/t 和 cm^3/g。

煤层未受采动影响时的瓦斯含量称为煤层原始(或天然)瓦斯含量。如煤层受采动影响,已部分排放了瓦斯,则煤层中剩余的瓦斯含量称为残存瓦斯含量。

二、煤层瓦斯含量测定方法分类

煤层瓦斯含量测定方法根据其应用范围分为地质勘探钻孔中应用的方法和煤矿井下应用的方法两大类;根据方法本身的特点,又可分为直接法和间接法。

直接法较简单,应用该法时,直接从煤体内采取煤样,在井下现场解吸,然后将煤样送到实验室,用真空泵抽取瓦斯,并分析其瓦斯成分,然后进行煤质工业分析,计算确定煤层瓦斯含量。该法的优点是瓦斯含量是直接测定的,避免了间接法测定许多参数时的测定误差;缺点是在试样采取过程中难免有部分瓦斯逸散,需要用数学模型推算其瓦斯损失量。

间接法比较复杂,它是先在井下实测或根据赋存规律推算煤层瓦斯压力,并在实验室测定煤的孔隙率、吸附等温线和煤的工业分析,然后再计算煤层瓦斯含量。该法的优点是煤样不需密封,采样方法简单,且如果已知煤层各个不同区域的瓦斯压力,则可根据吸附等温线推算各个不同区域的煤层瓦斯含量;该法的缺点是需要在井下实测煤层瓦斯压力。

煤矿一般用直接测定法来确定煤层的瓦斯含量。

三、煤层瓦斯含量直接测定方法

(一)地勘解吸法测定煤层原始瓦斯含量

1. 基本原理

在钻进预定位置采集煤样,装入特制密封罐并进行气体成分分析和解吸瓦斯规律测定,通过精确估计装入密封罐前各时段瓦斯损失量,通过解吸仪测定瓦斯解吸量,通过加热真空脱气和粉碎后脱气确定的瓦斯量,计算出各段瓦斯含量,取和之后即得总的瓦斯含量。

解吸法直接测定煤层瓦斯含量的关键在于精确估计煤样从钻孔采集起至装入密封罐前这段时间内的瓦斯损失量。煤样在装罐前瓦斯损失量决定于煤样在孔内及空气中的暴露时间、孔内及空气介质状态、煤的物理机械性及该煤层的瓦斯含量。试验证明,通过从钻孔中采取煤样进行瓦斯解吸量的测定,得出瓦斯损失量 V 与煤样暴露时间 t 的平方根成正比关系。当解吸时间在 10 h 内,正比关系仍然存在。煤样解吸瓦斯量与解吸时间平方根的曲线如图 12-1 所示。

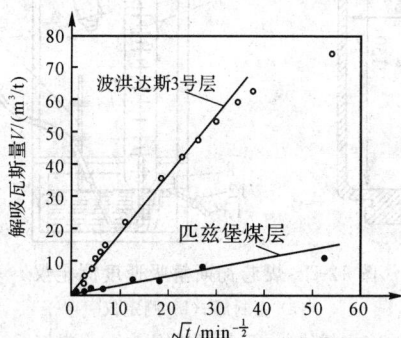

图 12-1　煤样解吸瓦斯量与时间关系曲线

当煤样装入密封罐后,用专用的瓦斯解吸速度测定仪测定煤样瓦斯解吸量随时间的变化。当测定进行 2 h 后,对煤样进行脱气与气样分析。

2. 测定用的仪器和器具

(1)密封罐:容积以能装约 400 g 煤样为宜,在 1 500 kPa 下能保持气密性,易装卸[见图 12-2(a)]。

(2)煤层气解吸速度测定装置[简称解吸仪,见图 12-2(b)]:量管容积 800 mL,最小分度值 4 mL;温度计测量范围 0~50 ℃,最小分度值 1 ℃。

(3)空盒气压计:依当地标高选择高原型或平原型。

(4)胸骨穿刺针头(简称穿刺针头)。

(5)煤样脱气设备:有真空脱气装置、球磨机、托盘天平、恒温器、真空泵、干燥塔等。

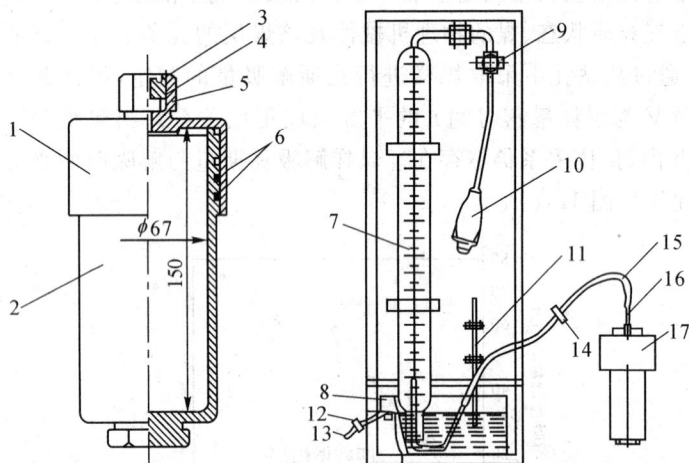

图 12-2 煤芯瓦斯解吸速度测定仪

(a)密封罐;(b)测定仪

1——罐盖;2——罐体;3——压紧螺丝;4——压垫;5——密封垫;

6——O 形密封圈;7——量管;8——水槽;9——螺旋夹;10——吸气球;

11——温度计;12、14——弹簧夹;13——排水管;15——排气管;16——穿刺针头;

17——密封罐;18——取气导管

3. 采制煤样

（1）采取煤样前的准备工作

① 密封罐使用前应洗净、干燥。检查压垫和密封垫是否可用，必要时予以更换。检查密封罐的气密性，在 $300\sim400$ kPa 下应没有漏气现象。严禁使用润滑油。

② 解吸仪使用前，应用吸气球提升量管内的水面至零点，关闭螺旋夹放置 10 min 后，量管内的水面应不下降。

（2）煤样的采取

① 钻孔遇煤后，可采用普通岩芯管采取煤芯，但煤芯直径不应小于 50 mm。一次取芯长度应不小于 0.4 m。在钻具提升过程中，应向钻孔中灌注泥浆，保持充满状态，并应尽量连续进行。如果因故中途停机，孔深不大于 200 m 时，停顿时间不得超过 5 min；孔深超过 200 m 时，停顿时间不得超过 10 min。

② 当钻煤完成，煤芯提到孔口时，尽快地从煤芯管中取出煤芯，采取中间完整部分，装入罐中密封。这段时间应控制在 2 min 之内。煤芯中如混合有夹矸及杂物时应予剔除。煤样不得用水清洗，保存原状装罐，不可压实。煤样距罐口留 10 mm 的间隙为宜，煤样约 400 g 左右。

③ 先将穿刺针头插入罐盖上部的压垫，拧紧罐盖的同时记录煤样装罐的时间。再将解吸仪排气管与穿刺针头连接，立即打开弹簧夹（右侧一个，下同），同时记录开始解吸时间。从拧紧罐盖到打开弹簧夹的时间间隔不得超过 2 min。

④ 采样记录。采样时不但记录采样时间、采样地点、采样深度外，还要务必记清钻孔遇煤时间、钻进时间、起钻时间、钻具提到孔口时间、煤样装罐时间、开始解吸测定时间。

采样时应将有关事项填入表 12-1 中。

表 12-1　　　　　　　　　　　　采样记录

煤样编号		采样日期		年		月		日
采样地点		煤田		勘探区		钻孔		煤层
煤芯管规格				采样罐号				
钻孔见煤深度		m		采样深度		m		
钻孔见煤时间		日	时	分		进尺		m
开始下钻时间		日	时	分				
开始钻进时间		日	时	分		煤芯长度		m
起钻时间								
钻具提到孔口时间		日	时	分				
煤样装罐时间		日	时	分				
开始解吸时间		日	时	分				

采样地点地质概况

煤芯描述

　　4. 现场进行煤样解吸速度的测定

　　(1) 密封罐通过排气管与解吸仪相连接后,立即打开弹簧夹,随即有从煤样中泄出的气体进入量管,打开水槽的排水管,用排水集气法将气体收集在量管内。

　　(2) 随后,每间隔一定时间记录量管读数和测定时间,连续观测 2 h。读数间隔时间规定如下:开始观测头一个小时内,第一点间隔 2 min,以后每隔 3~5 min 读数 1 次,1 h 后,每隔 10~20 min 读数 1 次。

　　(3) 解吸过程中,如果量管容积不足以容纳 2 h 内从煤样泄出的全部气体,可以中途用弹簧夹夹紧排气管,通过吸气球,重新将液面提升到量管零点,然后再打开弹簧夹,继续测定。

　　(4) 现场解吸完成后,拔出针头,将压紧螺丝稍加拧紧(用力适度,以免压垫失去弹性),泡在水中检查是否有漏气现象,若有渗漏应及时处理。然后送到实验室进行再次解吸和脱气。

上述测定应选择在气温比较稳定的地方进行,密封罐要防冻。

（5）煤层气含量低的煤层带,有的气体一次性泄出,无法测定解吸速度,记下量管读数即测定完毕,此种情况可不取样。

（6）测定时,时间虽不到 2 h,但已无气体泄出（水面保持不变或两个测点量管读数不变）,即测定完毕。取气样、编号、送化验室。若解吸气体量不足 400 mL,可不取样。

（7）解吸测定时,如开始就没有气体泄出,首先应检查穿刺针头、排气管和密封罐上部排气孔是否堵塞。如无堵塞,则是气体含量过小所致。此时,即可终止测定。

（8）在上述解吸过程中,要记录解吸测定时的气温、水温和大气压力,并将解吸速度填入表 12-2 中。

表 12-2　　　　　　煤样中气体解吸速度测定记录表

煤样编号		采样日期		年		月		日
采样地点		煤田	勘探区		钻孔		煤层	
采样罐号		解吸仪编号		煤样解吸测定前的暴露时间 T_1/min				
测定结果								

测定时间	累计观测时间 T_5/min	量管读数 V/mL	水柱高 h/mm	校正体积/mL		$\sqrt{T_1 + T_5}$	备注
				体积 V_0	累计 V_1		
大气压力（P_1）/kPa		水温（t_1）/℃			气温/℃		

审核　　　　　　　　　测试人员

5. 计算煤样气体的损失量

有两种方法:图解法和解析法。不管哪种方法,都要对解吸时间进行确定。

(1) 确定解吸时间。

煤样装罐前解吸瓦斯时间是煤样在钻孔内解吸时间 t_1 与其在地面空气中解吸时间 t_2 之和,即:

$$t_0 = t_1 + t_2 \tag{12-1}$$

式中 t_1——通过地面钻孔采样时,取整个提钻时间的二分之一;

通过井下岩巷采样时,取煤样从揭露至提升到孔口时间,min;

t_2——煤样提到孔口至装罐密封时间,min。

煤样总的解吸瓦斯时间 T_0 是装罐前的解吸时间 t_0 与装罐后解吸瓦斯时间 t 之和,即

$$T_0 = t_0 + t \tag{12-2}$$

(2) 将煤层气解吸速度测定中得出的每次量管内气体体积读数按下式换算为标准状态下体积:

$$V_0 = \frac{273.2}{101.33 \times (273.2 + t_1)}(P_1 - 0.009\ 81h - P_2)V$$

$$\tag{12-3}$$

式中 V_0——换算到标准状态下的气体体积,mL;

V——量管内气体体积,mL;

P_1——大气压力,kPa;

t_1——量管内的水温,℃;

h——量管内水柱高,mm;

P_2——t_1 时水的饱和蒸汽压,kPa。

将每次量管内瓦斯体积读数逐点换算为标准状态,填入表 12-2 中,求出各观测时间的累计解吸气体量(V_1)。

(3) 图解法计算煤样气体的损失量。

　　计算之前要首先将瓦斯解吸观测中得出的每次量管读数换算为标准条件下的体积,瓦斯损失量可用图解法或数学解析法求得。

　　图解法是以煤总解吸时间的平方根($\sqrt{t_0+t}$)为横坐标,以瓦斯解吸量(V_0)为纵坐标,将全部测点[V_0, $\sqrt{t_0+t}$]绘制在坐标纸上,将测点的直线关系延长与纵坐标轴相交,直线在纵坐标上的截距即为所求的瓦斯损失量,见图12-3。

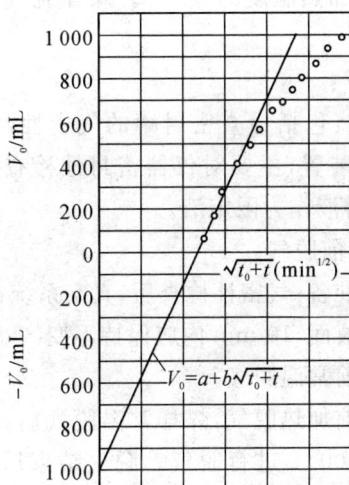

图 12-3　瓦斯损失量计算图

V_0——解吸瓦斯量;$-V_0$——损失瓦斯量

　　(4)解吸法计算煤样气体的损失量。

　　解吸法是根据煤样在解吸瓦斯初期,解吸瓦斯量 V_0 与 $T=\sqrt{t_0+t}$ 呈现直线关系而求出瓦斯损失量的,即

$$V_0 = a + b\sqrt{t_0+t} = a + bT \qquad (12\text{-}4)$$

式中:a,b 为待定常数。当 $T=0$ 时,$V_0=a$,a 为直线与纵坐标的截距,也就是所要求算的损失瓦斯量。

求算 a,b 时,可采用平均值法,即将大致呈直线关系的各测点对应值 (V_0,T) 代入上式中,这样可以得出几个方程,然后把这些方程分成两组,每一组对应项相加,合并后得到两个方程,这两个方程联立求解可得出 a,b 值。

6. 煤样残存瓦斯量测定

煤样送到实验室之后,要经过两个步骤来测定煤样的残余瓦斯含量,即打开密封罐之前进行的真空加热脱气,及煤样粉碎后的真空加热脱气,加热温度为 95 ℃。煤样脱气是利用脱气仪进行的。

测定步骤如下:

(1) 仪器检查:包括检查密封罐的气密性,没有漏气方可测定;检查真空脱气装置,主要对仪器密封性检查,给吸气瓶、真空瓶和量管充酸性溶液作为限定液。

(2) 煤样粉碎前脱气

① 脱气前的准备:气密性检查后,真空系统在最大真空度时,观察水银 U 形管液面,10 min 内应保持不变。

② 煤样破碎前常温脱气。

③ 煤样粉碎前加热脱气:煤样常温脱气后,将煤样放在恒温器内加热至 95～100 ℃进行脱气。脱气结束后,关闭水银 U 形管,取下密封罐。脱气过程中如集水瓶积水过多妨碍气流通过时,应及时将积水排出。排水时,要防止将真空系统中气体抽出。

④ 量取气体体积:提升水准瓶液面与量管液面齐平后,读取量管读数。同时记录大气压力、气压表温度和室温,将结果填入表中。

⑤ 如果两支大量管不能容纳全部脱出的气体时,可以将气体混合均匀后,将两支大量管的气体排出,保留小量管的气体,同时记录排出的气体体积。脱气结束后,将气样大致按前后脱出气体体积比例混合,然后,取出混合气样进行测定(也可取出前后两次

脱出的气体分别进行测定)。煤层气样在量管中保存时间(由脱气结束算起)不超过 2 h。

⑥ 煤层气样的采取。采取气样前,调整水准瓶位置,使量管内气体处于正压状态,打开活塞排出空气。用量管内气体冲洗管道,排出管内的残留限定液,然后,用医用注射器针头(附带三通)通过取气支管口吸气,清洗取气支管和注射器针头 3 次(每次吸气不少于20 mL)。气样随用随取,取样后针头朝下倾斜。

(3) 煤样粉碎后加热脱气

① 检查球磨罐的气密性。

② 装罐前称量煤样,装罐密封。

煤样块度较大时,应先将煤样在密封罐内捣碎至 25 mm 以下,装入罐内,拧紧罐盖密封。

③ 粉碎煤样。粉碎到粒度小于 0.2 mm 的质量应大于80%。

④ 加热脱气。煤样粉碎后脱气一直进行到水银 U 形管中水银柱稳定为止。然后,关闭水银 U 形管,取下球磨罐,冷却至室温。打开罐盖,取出煤样,用 0.2 mm 筛筛分,称量筛下物质量(精确至 1 g),并测定其水分(M_{ad})和灰分(A_{ad})。

脱气结果记录入表 12-3 中。

表 12-3　　　　　　　　脱气记录表

年　月　日

化验室编号			煤样编号		
采样地点	煤田	勘探区		钻孔	煤层
采样深度	m				
测定结果					
脱气阶段	粉碎前常温脱气		粉碎前加热脱气		粉碎后
	起　　　止		起　　　止		起　　　止
脱气时间					

续表 12-3

量管读数/mL			
累计气体体积/mL			
大气压力/kPa			
气压表温度/℃			
室温/℃			
校正后体积/mL	$V_3=$	$V_4=$	$V_5=$

煤样粉碎时间　　　　　　　　　　　起
　　　月　日　时　计：
　　　　　　　　　　　　　　　止

煤样质量：　　　g
煤质分析：$M_{ad}=$　% 　　　$A_d=$　% 　　　$V_{daf}=$　%
干燥无灰基质量：　　　g

备注	
测试人员	审核

7. 煤样中气体成分浓度的测定

(1)采用气相色谱仪测定

测定时载体为氢气(如果测定氢气,载体应换为氩气)。测定解吸气体、损失气体(由解吸气体推算的)和脱出气体中甲烷、乙烷、丙烷、丁烷、重烃、氮、二氧化碳、一氧化碳和氢的浓度(V/V)。

(2)当煤层气混有空气时,要按换算式换算成无空气各种成分的浓度。

(3)当甲烷含量较大,有时氮计算结果出现负值时,解吸气体、损失气体和脱出气体中各种成分的浓度按换算式计算。

将测定计算结果填入表 12-4 中。

表 12-4　　　　煤层气含量测定结果汇总表

测试人员　　　　　审核　　　　　年　月　日

试验阶段 煤层气量 气体体积 组分	气体解吸量 $V_1=$		气体损失量 $V_2=$		粉碎前脱气量				粉碎后脱气量 $V_5=$		总计 $V_6=$	
					常温脱气 $V_3=$		加热脱气 $V_4=$					
	分析组分		自然组分		分析组分		分析组分		分析组分			
	mL	mL/g	mL	mL/g	mL	mL/g	mL	mL/g	mL	mL/g	mL	mL/g
氧												
氮												
二氧化碳												
甲烷												
重烃												

8. 煤样中气体成分含量的计算

(1) 将测算的气体换算成标准状态下气体体积

解吸气体、损失气体和脱出气体的体积按式(12-5)换算成标准状态下的体积：

$$V_0' = \frac{273.2}{101.33 \times (273.2 + t_1)}(P_1 - 0.016\ 7t_2 - P_2)V'$$

$$(12\text{-}5)$$

式中　V_0'——换算到标准状态下气体的体积,mL；

　　　　V'——在室温 t_1、大气压力 P_1 条件下量筒内气体的体积,mL；

　　　　t_1——室温,℃；

　　　　t_2——气压表温度,℃；

　　　　P_1——大气压力,kPa；

　　　　P_2——在室温 t_1 时,水的饱和蒸汽压或饱和食盐水的饱和蒸汽压,kPa。

(2) 含有空气时,其测算的气体体积换算

解吸、损失气体或脱出气体的体积按式(12-6)换算为无空气煤层气的体积：

$$V_0 = \frac{V_0'(100 - 4.57C_0)}{100}$$

$$(12\text{-}6)$$

式中　V_0——扣除空气后解吸气体、损失气体或脱出气体换算为标准状态下的体积,mL；

　　　　C_0——标准状态下氧的浓度,％。

(3) 煤层气中各种成分体积的计算

解吸气体、损失气体或脱出气体中各种成分的体积按式(12-7)计算：

$$V_{0i}' = V_0 \cdot C/100$$

$$(12\text{-}7)$$

式中　$V_{0i}{}'$——解吸气体、损失气体或脱出气体中某种成分换算
　　　　　　到标准状态下的体积，mL。

（4）煤样质量换算

按式（12-8）换算成干燥无灰基煤样质量：

$$G_{daf} = G \times \frac{100 - M_{ad} - A_{ad}}{100} \qquad (12\text{-}8)$$

式中　G_{daf}——干燥无灰基煤样质量，g；

　　　G——煤样质量，g；

　　　M_{ad}——煤样空气干燥基水分，%；

　　　A_{ad}——煤样空气干燥基灰分，%。

（5）煤样中气体各成分含量的计算

煤样解吸气体、损失气体或脱出气体中各成分的含量按式
（12-9）计算：

$$X_i = \frac{V_{0i}{}'}{G_{daf}} \qquad (12\text{-}9)$$

式中　X_i——每克煤样解吸气体、损失气体或脱出气体中某种成
　　　　　　分的含量，mL/g。

（6）煤样中可燃气体的总含量计算

$$X = \sum X_i \qquad (12\text{-}10)$$

式中　X——每克煤样中可燃气体的总含量，mL/g。

将计算结果填入表 12-5 中。

9. 计算结果处理

煤层气成分浓度和煤层气成分含量的计算结果取小数点后
三位，按数字修约规则修约至小数点后两位，并填入表 12-6 表中
报出。

表 12-5　　　　煤样中气体成分含量测定结果表

试验编号　　　　　　　　煤样编号

采样地点　　　　煤田　　　　勘探区　　　　钻孔　　　　煤层

采样深度　　　　m

测试人员　　　　　　　　审核　　　　　　　　年　月　日

试验阶段	解吸			损失			常温脱气			粉碎前加热脱气			粉碎后加热脱气			总计	
气体体积		mL			mL			mL			mL			mL			mL
无空气气体体积		mL			mL			mL			mL			mL			mL
成分	%	mL	mL/g	%	mL	mL/g	分析组分	mL	mL/g	分析组分	mL	mL/g	分析组分	mL	mL/g	mL	mL/g
N_2																	
CO_2																	
CH_4																	
C_2H_6																	
C_3H_8																	
C_4H_{10}																	
重烃																	
CO																	
H_2																	
氧浓度	%			%			%			%			%				

表 12-6   煤样中气体成分含量测定报告

采样单位＿＿＿＿＿ 年 月 日 报出   测试人员＿＿＿＿＿ 技术负责人＿＿＿＿＿

试验编号		
煤样编号		
采样地点	煤田勘探区	
钻孔编号		
煤层编号		
采样深度		
采样日期	年 月 日	
收样日期	年 月 日	
测试日期	年 月 日	
煤样质量	G/g	
	G_{daf}/g	
	M_{ad}/%	
煤样分析	可燃气体含量	
	O_2/%	
	A_{ad}/%	

煤层气成分	解吸		损失		常温		粉碎前加热		粉碎后加热		总含量
	浓度/%	含量/mL/g	浓度/%	含量/mL/g	浓度/%	含量/mL/g	浓度/%	含量/mL/g	浓度/%	含量/mL/g	mL/g
N_2											
CO_2											
CH_4											
C_2H_6											
C_3H_8											
C_4H_{10}											
重烃											
CO											
H_2											

（二）钻屑解吸法测定煤层瓦斯含量

井下用钻屑解吸法测定煤层瓦斯含量方法与地勘法大同小异，不过地勘测定取样困难，而钻屑取样时间短、漏损少。下面主要将测定方法中与地勘法测定的不同之处简述如下：

（1）采集钻屑。钻屑采自原始煤体，孔深超过 10 m。采样时应采取设计的采样深度处不含矸石的煤样，待该处煤样取出来随即装入密封罐并密封。

（2）瓦斯解吸速度测定。将采集的新鲜煤样装罐并记录煤样装罐后开始解吸测定的时间 t_0，用瓦斯解吸速度测定仪测定不同时间 t 下的煤样累积瓦斯解吸总量 V_i，测定时间一般为 2 h，解吸测定停止后拧紧煤样罐（不漏气为原则）。

（3）损失量计算。将不同解吸时间下测得数据 V_i 按下式换算成标准状态下的体积 V_{0i}：

$$V_{0i} = \frac{273.2(P_0 - 9.81h_w - P_s)V_i}{1.013 \times 10^5(273 + t_w)} \qquad (12\text{-}11)$$

式中　V_{0i}——换算成标准状态下的解吸瓦斯体积，mL；

　　　V_i——不同时间解吸瓦斯测定值，mL；

　　　P_0——大气压力，Pa；

　　　h_w——量管内水柱高度，mm；

　　　P_s——h_w 下水饱和蒸汽压力，Pa；

　　　t_w——量管内水温，℃。

把不同时间的煤样累计解吸量 V_{0i} 换算为不同时间的瓦斯解吸速度 q_i，对全部测点 $[(t_0 + t), q_i]$ 按照 $V = V_0 e^{-kt}$ 进行回归计算，如图 12-4 所示，求出 k 和 V_0，再由 $Q = \frac{V_0}{k}(1 - e^{-kt})$ 计算取样过程中的漏失瓦斯量。

（4）将解吸测定后的煤样连同煤样罐送实验室测定煤样中的残存瓦斯量、水分、灰分和煤样重量。

（5）根据煤样损失瓦斯量、解吸瓦斯量及残存瓦斯量和煤样

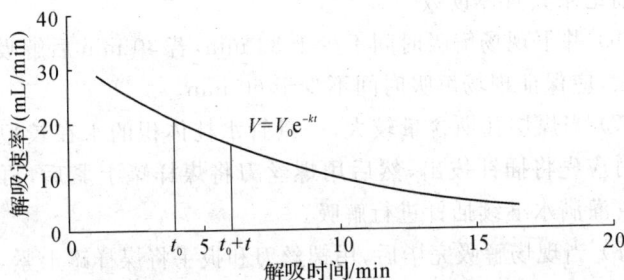

图 12-4 煤屑解吸瓦斯速率与解吸时间的回归曲线

重量,求算煤样的瓦斯含量:

$$X = \frac{V_0 + V_1 + V_2}{G_0} \tag{12-12}$$

式中 X——煤样瓦斯含量,mL/g。

V_0——换算成标准状态下的煤样在井下测得的瓦斯解吸总量,mL;

V_1——换算成标准状态下的煤样取样过程损失瓦斯量,mL;

V_2——换算成标准状态下的煤样残存瓦斯量,mL;

G_0——煤样重量,g。

四、煤层瓦斯含量测定注意事项

(1)测定人员在带煤样罐下井前必须检查或更换密封圈和密封垫,同时检查瓦斯解吸仪是否完好,包括是否带有备用针头等。

(2)在钻孔钻进至取样深度以及取样前,必须确定从钻孔排出的钻屑为纯煤粉,杜绝出现所取煤粉中夹杂黑矸等现象。

(3)接煤粉、拧紧盖、插针的总时间必须控制在 2 min 以内。

(4)拧盖、插针以及整个的现场解吸阶段必须保证煤样罐是垂直竖立状态。

(5)量管的水柱起始读数保证为 0 mL,若不是 0 mL 时应在取样前记录其具体读数。

（6）井下现场解吸时间不少于 30 min，若 30 min 后解吸量仍然较大，应保证现场解吸时间不少于 60 min。

（7）当煤层瓦斯含量较大，一量管水柱体积的水在较短时间排完时应先将插针拔出，然后用螺丝刀将煤样罐上紧后，再迅速将量管灌满水继续插针进行解吸。

（8）当现场解吸完毕后，用螺丝刀和扳手将煤样罐上紧，确保不漏气。

（9）测定人员需要测定 2 个及以上煤层瓦斯含量时，在进行解吸记录时，应记录清楚煤样罐编号，若其没有编号，应采取分开放置煤样罐等措施防止出现煤样罐和其解吸情况不相符的现象。

（10）测定人员将煤样罐带至值班室后，首先应将煤样罐放置于水中 3 min 检查是否漏气，确保不漏气后再将标签贴上，标签上应写明取样人。

第三节　煤的瓦斯放散初速度指标测定

煤的瓦斯放散初速度指标是表示含有瓦斯的煤体暴露时放散瓦斯（即从吸附状态转化为游离状态）快慢的一个指标。Δp 表示煤放散瓦斯的性能，该性能由煤的物理、力学性质决定。在瓦斯含量相同的条件下，煤的瓦斯放散初速度越大，煤的破坏程度越严重，越易于形成具有携带破碎煤能力的瓦斯流，即越有利于突出的发生和发展。

煤的瓦斯放散初速度指标 Δp 是从现场采取煤样后，在实验室内进行测定的。若此指标超过 10，说明表面煤层结构已经遭到破坏，煤已具备突出性能。当瓦斯压力达不到突出所需要的临界压力值时，煤层暂时还不会发生突出，一旦压力达到突出所需要的临界压力数值时，煤层就有可能发生突出。

一、瓦斯放散初速度测定仪及原理

图 12-5 和图 12-6 分别为 WFC-2 型瓦斯放散初速度自动测定仪外型和测定原理图。

图 12-5　WFC-2 型瓦斯放散初速度自动测定仪

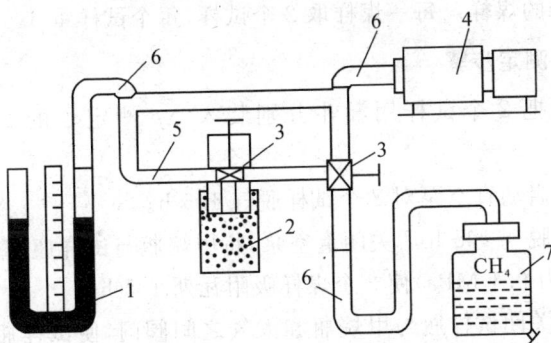

图 12-6　瓦斯放散初速度测定原理

1——水银压力计；2——煤样杯；3——阀门开关；4——真空泵；
5——玻璃管路；6——胶皮管路；7——纯甲烷瓶

煤的瓦斯放散初速度指标 Δp 是从现场采取煤样后，在实验室内进行测定的。测定的基本方法和原理是:煤样在试验仪器内吸附瓦斯,放散后,观测 50 s 内瓦斯压力的变化值,作为指标来表示煤的瓦斯放散初速度大小。测定 Δp 的装置由真空泵、纯甲烷瓶、煤样杯、玻璃管系统及水银压力计组成。

二、仪器设备及采样与制样

1. 仪器设备及用具

Δp 测定仪,真空泵,甲烷瓶(甲烷浓度大于 95%),分样筛(孔径 0.2、0.25 mm 各 1 个),天平(最大称量 250 g,感量 0.5 g)、小锤,漏斗。

2. 采样与制样

(1)采样。在煤层新暴露面上采取煤样 250 g,地面打钻取样时取新鲜煤芯 250 g。煤样要附有标签,注明采用地点、层位、采用时间等。

(2)制样。将所采煤样进行粉碎,筛分出粒度为 0.2～0.25 mm 的煤样。每一煤样取 2 个试样,每个试样重 3.5 g。

三、测定步骤

(1)把 2 个试样用漏斗分别装入 Δp 测定仪的 2 个试样瓶中。

(2)启动真空泵对 2 个试样脱气 1.5 h。

(3)脱气 1.5 h 后关闭真空泵,将甲烷瓶与试样瓶连接,充气(充气压力 0.1 MPa)使 2 个煤样吸附瓦斯 1.5 h。

(4)关闭试样瓶与甲烷瓶和大气之间阀门,使试样瓶与甲烷瓶、大气隔离。

(5)检查水银计液面是否在同一水平面上,否则,开动真空泵对仪器管道死空间进行脱气,使 U 形管水银面两端相平。

(6)U 形管水银面两端相平后,停止真空泵,关闭仪器死空间通往真空泵的阀门,打开试样瓶的阀门,使煤样瓶与仪器被抽空的死空间相连并同时启动秒表计时。10 s 时关闭阀门,读出水银计两端汞柱差 p_1(mm);45 s 时再打开阀门,60 s 时关闭阀门,再一次读出水银计两端汞柱差 p_2(mm)。

(7)瓦斯放散初速度指标的计算:

① 瓦斯放散初速度指标按下式计算:

$$\Delta p = p_2 - p_1 \qquad\qquad (12\text{-}13)$$

② 同一煤样的 2 个试样测出 Δp 值之差不应大于 1,否则需要重新进行测定。

参 考 文 献

[1]《〈防治煤与瓦斯突出规定〉专家解读》编委会.《防治煤与瓦斯突出规定》专家解读[M]. 北京:煤炭工业出版社,2009.

[2] 冯秋登. 矿井防突工[M]. 北京:煤炭工业出版社,2008.

[3] 国家安监总局宣教中心. 煤矿防突作业现场操作实训教材[M]. 北京:团结出版社,2013.

[4] 谭英俊,钱一鹏. 防突工(修订版)[M]. 徐州:中国矿业大学出版社,2008.

[5] 张子敏. 瓦斯地质学[M]. 徐州:中国矿业大学出版社,2009.